历史文化街区改造

凤凰空间·华南编辑部　编

江苏凤凰科学技术出版社

目录

第一章　源起·思想萌动

第二章　渐入·历史环境

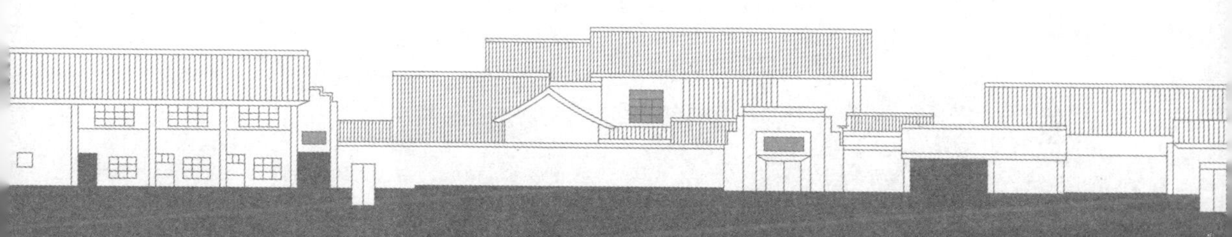

第三章　核心·历史文化街区

第四章　焦点·改造案例赏析

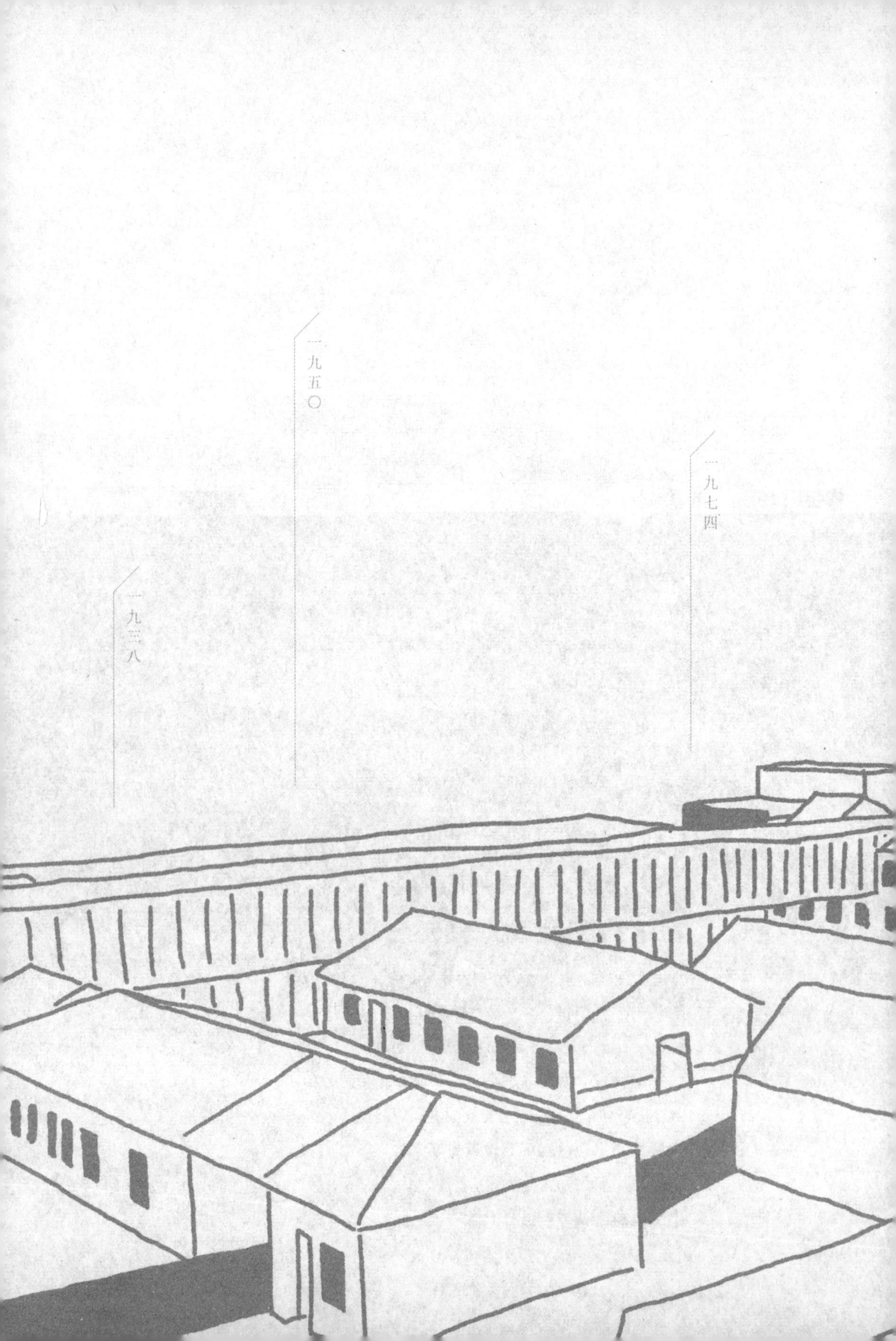
一九七四
一九五〇
一九三八

第一章 ○ 源起

思想萌动

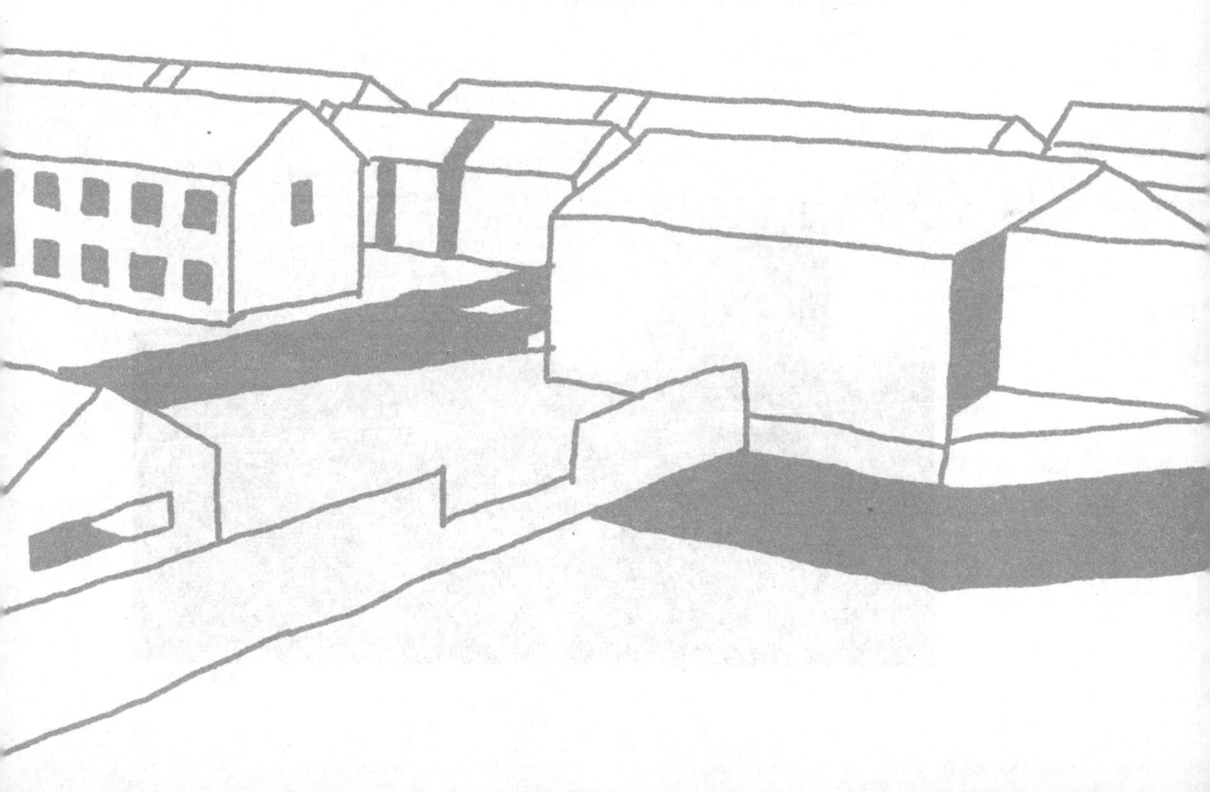

一、怎样看待旧城与旧建筑

自然界及人类生命历程：

孕育 → 出生 → 成长 → 衰老 → 死亡。

城市与建筑的变化历程：

规划设计 → 建造施工 → 竣工使用 → 老化损坏 → 倒塌拆除 → 希望长期保存 → 遗产保护。

破败的旧城和危旧房是特殊年代的产物。

新旧并存是如人有老幼的正常现象。

未来的城市与建筑必然是旧的多新的少。

改造旧房一般比新建房的工期短、投资少、效益高。

旧城中的旧建筑

二、保护思想的产生与发展

古代东西方皆珍爱“古董”，但却不重视历史建筑和古城。

罗马帝国毁希腊城市、宫殿，十字军东征，沿途皆成废墟瓦砾。

18 世纪末的法国大革命，拆毁了巴士底狱等重要的文物建筑。

中国封建社会时期的改朝换代，皆要“革故鼎新”。项羽毁咸阳“大火三月不灭”；金兵入汴梁拆“大内”“艮岳”，建材用于筑金中都城；辽灭金，毁金中都城；元灭辽，毁辽南京城；仅唐代和清代例外，保存了较完整的都城。

1 历史建筑保护的历程

欧洲对建筑遗产的保护可追溯到古罗马时期，文艺复兴时期有了进一步的发展，18 世纪末真正开始受到重视。19 世纪中叶至今的百余年间，形成了遗产保护的基本概念、理论和原则。

19 世纪中叶，进化论逐步成为欧洲的主流思想，人类开始摆脱“上帝造人”的桎梏，重新认识自然和人类自身的发展历史。不仅视文物为古董，而且将其作为人类社会历史发展的见证。

20 世纪上半叶的两次世界大战，毁灭了大量文物，使得幸存的文物更加珍贵。

意大利在罗马时代已出现保护历史建筑的思想。15 世纪至 16 世纪上半叶，罗马天主教会采取了一些保护性措施及惩治手段，保护古希腊罗马建筑遗迹，保护古建筑中的碑刻铭文，主要是保护其历史价值，参与者大都是意大利研究古希腊罗马文化的学者。

16 世纪下半叶至 19 世纪 20 年代，西欧各国注意保护古典建筑遗迹，特别是具有民族特色的古建筑遗迹，保护重点从建筑单体转向建筑群，仍

布鲁塞尔广场

注重其历史价值，认识到实物的可靠性。

19世纪20年代至20世纪60年代前期，在整个欧洲，历史性建筑成为保护对象，开始重视其艺术价值，通过立法和修缮加以保护。《威尼斯宪章》（The International Charter for the Conservation and Restoration of Monuments and Sites，1964）就是在这一背景下产生的。

20世纪60年代以后，保护的对象扩大，除了古建筑遗址、中世纪宗教建筑、古堡外，还包括了住宅、村落、工厂、车站、街区，形成了“世界遗产”的概念。

在中国，“文物”一词最早见于战国初的《左传·桓公二年》：“夫德，俭而有度，登降有数，文物以纪之，声明以发之”，主要指礼乐典章制度。唐代杜牧诗：“六朝文物草连空，天淡云闲今古同”，是指前朝遗物。

近代考古学试图用科学发掘的方法获取古代遗存，并将古代遗存变成复原人类历史和文化的工具，这些古代遗存就成为现代意义上的“文物”——人类社会历史发展进程中遗留下来的，由人类创造或与人类活动有关的一切有价值的物质遗存。①

2 历史城市保护的历程

英国拉斯金（John Ruskin）的《建筑的七盏明灯》（1856）和《威尼斯之石》（1897），论述了保护古城肌理的理论，认为古城也应作为一座历史建筑来保护，工业革命前的历史性小城镇是欧洲城镇发展的典范。

① 谢辰生．中国大百科全书[M]．北京：中国大百科全书出版社，1993.

欧洲著名历史古城——匈牙利布达佩斯

奥地利西特（Camillo Sitte）的《城市规划的艺术原则》（1889），认为古城是属于过去的，应像陈列在博物馆的展品一样受到保护，整个城市就像一座博物馆。

意大利焦万诺尼（Gustavo Giovannoni）的《城市规划和古城》（1913）、《城镇规划和古城》（1931），认为环境是主要建筑（Major Architecture，指公共建筑）和次要建筑（Minor Architecture，指住宅）的逻辑关系；破坏历史建筑周围的环境如同给历史建筑判了死刑。强调古城保护和修复应保持古城的统一：古城的每个片断都应统一于总体设计之中；应保持历史建筑的统一：历史建筑统一于当前的城市肌理之中①。

① 石雷，童乔慧，李百浩．欧洲建筑与城市遗产概念及其发展[J]. 华中建筑，2001（1）：80-81.

三、遗产保护的思想

1 国际社会 20 世纪遗产的提出

1981 年悉尼歌剧院申报世界文化遗产未获通过，此事引发人们对 20 世纪人类创造的思考。世界遗产委员会委托国际古迹遗址理事会起草“当代建筑评估指南”。1986 年国际古迹遗址理事会提交了“当代建筑申报世纪遗产”的文件，对近现代建筑遗产作了定义，以及阐述了运用既有的世界遗产标准评述近现代建筑遗产的方法。

之后，一系列有关 20 世纪遗产的会议相继召开。2007 年第 31 届世界遗产委员会会议在新西兰召开，悉尼歌剧院被列入《世界遗产名录》。

悉尼歌剧院

2 中国20世纪遗产保护

（1）中国20世纪遗产保护始于“革命文物”保护

1956年国务院颁布《关于在农业生产建设中保护文物的通知》，要求必须对全国范围内的历史和革命文物遗迹进行普查调查工作。

1961年国务院公布的第一批全国重点文物保护单位中，将“革命遗址及革命纪念建筑物”作为第一类，包括建成仅3年的人民英雄纪念碑（1958年）和建成仅4年的中苏友好纪念碑（1957年）。

（2）对中国20世纪遗产的“保护性破坏”

许多地方为了突出遗产本体的地位，将其周围原有建筑物全部拆除，兴建大规模的纪念广场、纪念公园等，使其历史环境受到彻底破坏，严重损坏了遗产的真实性和完整性。

贵州遵义会议旧址和四川邓小平故居就是典型案例。为了兴建纪念广场、纪念公园等，将周围原有居民全部迁出，传统民居全部拆除，让文物建筑像纪念碑一样突出，周围新建了绿地、景观道路、水池、射灯等，不仅破坏了历史环境，也破坏了整个历史故事的特定情节，使得这些珍贵的文化遗产失去了真实性和完整性。[①]

（3）探索20世纪遗产的保护方法

绝大多数20世纪遗产仍然在使用之中，修缮和内部更新不可避免。必须对其文物价值进行评估，对修缮措施和允许更新的尺度有明确的要求。

应建立适用于20世纪遗产的保护管理办法，从保护目标、保护原则、保护内容等方面，提出适应不同对象的分类标准、导则、要求和程序。

① 单霁翔．20世纪遗产保护的理念与实践（二）[J]. 建筑创作，2008（7）：158-167.

3 工业遗产保护

工业遗产保护源于英国，19 世纪末出现“工业考古学”，记录和保存工业革命和工业大发展时期的工业遗迹和遗物。

1973 年召开第一届国际工业纪念物大会（FICCIM）。

1978 年成立国际工业遗产保护委员会（TICCIH）。

2003 年国际工业遗产保护委员会在俄罗斯下塔吉尔召开大会，通过《下塔吉尔宪章》，定义工业遗产——“凡为工业活动所造建筑与结构、此类建筑与结构中所含工艺和工具以及这类建筑与结构所处城镇与景观，以及其所有其它物质和非物质表现，均具备至关重要的意义”。

狭义的工业遗产是指 18 世纪源于英国的以采用钢铁等新材料和煤炭石油等新能源，采用机器生产为主要特点的工业革命后的工业遗存。

广义的工业遗产包括史前加工石器工具的遗址、资源开采和冶炼的遗址，以及包括水利工程在内的古代大型工程遗址等，即工业革命前反映各时期人类技术创造的遗存。

目前国际上的研究主要针对狭义的工业遗产，我国则主要关注的是 19 世纪后半叶近代工业诞生以来的工业遗存。

澳大利亚的《巴拉宪章》，为文物建筑寻找“改造性再利用”（Adaptive Reuse）的方式越来越受到重视，并在工业遗产保护项目上加以推广。“改造性再利用”的关键在于为该建筑找到合适的用途，使其文物价值得以保存和再现，且对其所作的改变最小并可逆。

4 线性文化遗产保护

1987 年美国首先使用了“绿色通道”的概念，包括“生态绿道”“休闲绿道”和“遗产绿道”。1998 年国际古迹遗址理事会成立“文化线路科学委员会”（CIIC），2005 年形成《文化线路宪章（草案）》。在“绿色

生态绿道

通道”和“文化线路”等概念的基础上，拓展形成了“线性文化遗产”的理念和保护研究。

2014 年中国大运河作为线性文化遗产被列入《世界遗产名录》。

5 大遗址保护和国家考古遗址公园

大遗址主要包括反映中国古代历史各个发展阶段涉及政治、宗教、军事、科技、工业、农业、建筑、交通、水利等方面历史文化信息，具有规模宏大、价值重大、影响深远特点的大型聚落、城址、宫室、陵寝墓葬等遗址、遗址群及文化景观[①]。

在我国的全国重点文物保护单位中，大遗址约占 1/4。2005 年实施大遗址保护工程以来，已经形成“三线、两片、百节点”的基本格局。“三线”是指长城、大运河、丝绸之路；“两片”是指西安和洛阳片区；“百节点”是指 100 个重要大遗址，其中广州的南越国宫署遗址是广东省唯一重要大遗址。

① 国家文物局《大遗址保护专项经费管理办法》（2008）。

北京明城墙遗址

2009 年的大遗址保护良渚论坛提出“考古遗址公园”的理念。国家文物局随后公布《国家考古遗址公园管理办法（试行）》，确定“国家考古遗址公园，是指以重要考古遗址及其背景环境为主体，具有科研、教育、游憩等功能，在考古遗址保护和展示方面具有全国性示范意义的特定公共空间”。

2010 年，国家文物局确定首批 12 项国家遗址公园名单、23 项国家遗址公园立项名单。

6 乡土建筑遗产保护

乡土建筑是文化遗产的重要组成部分，是探寻文明发展历程不可或缺的宝贵实物资料，蕴藏着极其丰富的历史信息和文化内涵。乡土建筑以其鲜明的地域性、民族性和丰富多彩的形制风格，成为反映和构成文化多样性的重要元素。

1999年10月，国际古迹遗址理事会通过《乡土建筑遗产宪章》(Charter on the built vernacular heritage)，认为乡土建筑是传统和自然的居住方式，是一个持续的过程，包括了必要的改变以及针对社会与环境限制而进行的不断调整。当中还提出了对乡土建筑的识别标准、维护准则和实践指南。

(1)识别乡土建筑的一些标准

①一个群体共享的建筑方式。

②一种和环境相呼应的可识别的地方或地区特色。

③风格、形式与外观的连贯性，或者对传统建筑类型的使用之间的统一。

④通过非正式途径传承的设计与建造传统工艺。

⑤因地制宜，对功能和社会的限制所做出的有效反应。

⑥对传统建造系统与工艺的有效应用。

对乡土建筑遗产的重视与成功保护取决于社区的参与和支持，以及持续的利用与维护。

政府与主管部门必须意识到各个群体维持其生活传统的权力，进而借助现有的法律、行政与财政手段对其加以保护，使之传承给后代。

乡土建筑——安徽宏村

（2）维护准则

①乡土建筑遗产的保护必须由跨学科的专家来执行，同时认识到改变与发展之无法避免，并需要尊重群体已经建立的文化特征。

②当代有关乡土建筑、建筑群和聚居地的工程应当尊重建筑及群落的文化价值与传统特色。

③乡土遗产很少由单一的建筑物来代表，最好是通过维持与保存每一区域内具有代表性的建筑群与聚居地来表现。

④乡土建筑遗产是构成文化景观不可或缺的一部分，二者的关系必须在制订保护措施时予以考虑。

⑤乡土遗产包含的不只是物质形式以及建筑物、结构和空间的组合，也包括对它们使用和理解的方式，以及依附于它们的传统和无形因素。

（3）实践指南

①研究与记录：对乡土建筑物实施任何工程必须慎重，且必须先对它的形式和结构进行全面的分析。分析报告必须存放于对公众开放的档案处。

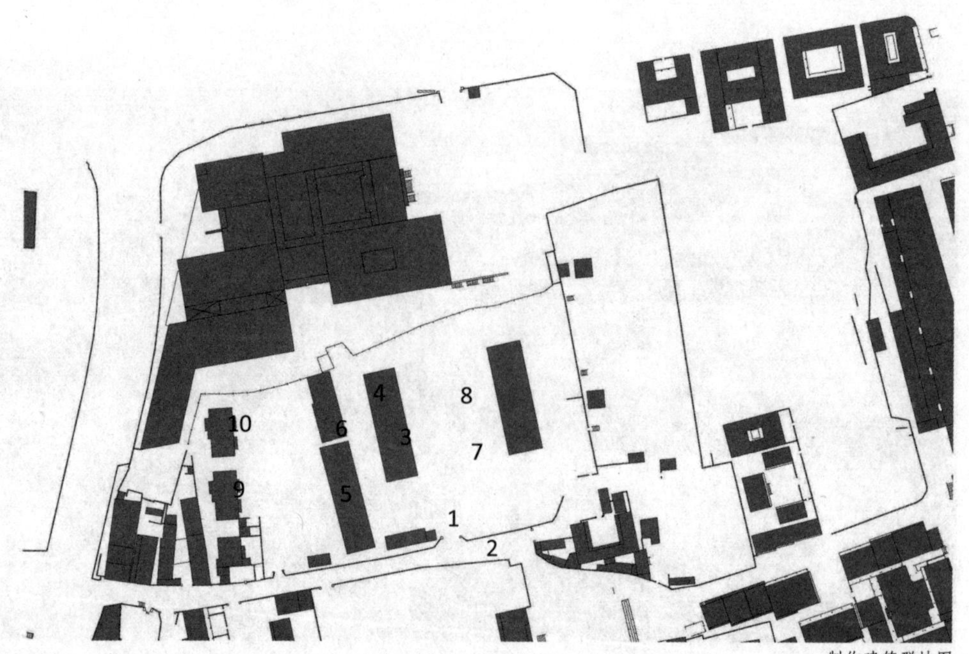

制作建筑群地图

乡土建筑的照片记录

②布局、景观与建筑群：对乡土建筑物的改变必须要尊重并维持其布局、与物质环境和文化景观的关系，以及各个建筑物之间的关系。

成都宽窄巷子建筑群

③传统营造系统：乡土建筑的传统营造系统与工艺的连续性对于乡土建筑表达形式至关重要，并且对于建筑的修缮与修复极为重要。必须记录、保留这些技术，并通过教育与培训传承给下一代工匠与建造者。

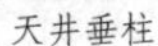

天井垂柱

天井垂柱六角雕刻灯

天井局部

雕花梁垫

雕花梁垫

冬瓜梁局部雕饰

精美雕花门窗

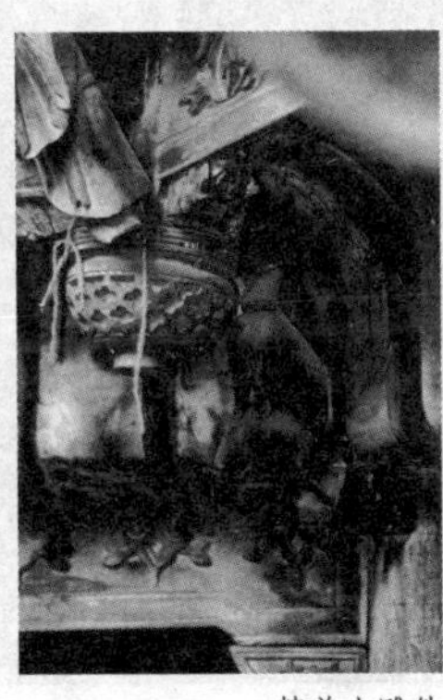

精美小雕件

鱼龙雀替

梁垫

老砖新用

④材料与构件的替换：针对当代使用需求而对乡土建筑进行合理的改变，应当使用那些可以维持建筑原有表达方式、外观、质地和形式的材料，并保持建筑材料的一致性。

⑤改造：对乡土建筑的改造与再利用，应当在尊重其结构的完整性、特色与形式的基础上，满足适当的生活水准。对于没有中断过使用的乡土建筑形式，社区的道德规范可以被用作干预的手段。

改造的小合院

⑥变化与阶段性修复：应尊重乡土建筑随着时间的推移而出现的变化，这些变化也是其重要组成部分，因此，在对乡土建筑进行修缮时，不应苛求其各部分都体现同一个时期的风格。

（4）培训

为了维护乡土建筑的文化价值，必须对政府、主管部门，以及相关团体和组织强调以下几点：

①为从事保护工作的人员提供有关乡土遗产的教育项目。

②协助社区维护传统建筑系统，提供材料和工艺的培训项目。

③推动公众，特别是年轻一代，对乡土遗产的认识。

小洋楼修复

四、保护法规、文献和组织

1 国外保护法规、文献和国际组织

18 世纪中，英国出现第一个保护古建筑的法规（保护英国古罗马圆形剧场）。

19 世纪至 20 世纪，法国成立“历史建筑管理局”，先后颁布《历史性建筑法案》（1840 年）、《历史古迹法》（1913 年）、《遗址法》（1930 年）。

英国成立“古建筑保护协会”（1877 年）、颁布《古迹保护法》（1882 年）。

日本颁布《古神社寺庙保护法》（1897）、《国宝保护法》（1929）。

1933 年 8 月，国际现代建筑协会第四次会议通过的《雅典宪章》（The Athens Charter for the Restoration of Historic Monuments），是城市规划领域的第一个国际性文件，论及“有历史价值的建筑和地区”，提出保护的意义与原则，体现出保护文物建筑已为国际所重视。其缺陷是未能适应二战后经济复兴和城市建设的高潮。

1947 年在联合国教科文组织（UNESCO）倡导下，先后成立 ICOM（International Council of Museums，国际文物工作者理事会）、ICCROM（International Center for the Study of the Preservation and the Restoration of Cultural Property，国际文化财产保护与修复研究中心）。

1964 年，ICOM 在威尼斯召开第二次会议，通过了《保护和修复文物建筑及历史地段的国际宪章》（简称《威尼斯宪章》，International Charter for the Conservation and Restoration of Monuments and Sites），（Venice Charter）。该组织亦改名为 ICOMOS（International Council of Monuments and Sites，国际古迹遗址理事会）。

古罗马圆形剧场

ICCROM 召开的第二届“历史古迹建筑师及技师国际会议”所提出文物古迹保护的基本概念、原则、方法，是保护文物建筑的第一个国际宪章。

1972 年，UNESCO 第 17 届大会通过了《保护世界文化和自然遗产公约》，并于 1976 年成立“世界遗产委员会”和“世界遗产基金会”。《世界遗产名录》规定的文化遗产包括：文物、建筑群、遗址；自然遗产包括：审美或科学价值突出的地质和自然地理结构、受威胁的动植物生存区、具有科学、保护、自然美价值的天然名胜或明确划分的自然区域。

1976 年 11 月，UNESCO 在内罗毕召开第 19 届大会，通过了《关于历史地区的保护及其当代作用的建议》（简称《内罗毕建议》），拓展了历史地段的涵盖面和“保护”的内涵，包括保护（Saveguarding）、鉴定（Identification）、防护（Protection）、保存（Conservation）、修缮（Restoration）、再生（Renovation）。

马丘比丘遗址

1977 年 12 月，来自世界各地的建筑师、规划师、教授和学者，在马丘比丘山的印加帝国古城遗址上，签署了《马丘比丘宪章》（Charter of Machu Picchu），将当代优秀建筑纳入保护范围，提出不仅要保存和维护历史遗迹，还要继承文化传统。

1987 年 10 月，华盛顿举行的 ICOMOS 第 8 次会议上通过了《保护历史城镇与地区的宪章》（简称《华盛顿宪章》），确定了历史地段以及更大范围的历史城镇、地区保护的意义、作用、原则和方法，提出要保持其活力，适应现代生活。

1994 年 11 月，《奈良真实性文件》（简称《奈良文件》The Nara Document on Authenticity）强调文化遗产的差异性，对遗产真实性问题作了讨论，2005 年出了第三版。

1999 年 11 月，澳大利亚 ICOMOS 对制定于 1979 年的《巴拉宪章》进行第 4 次修订，全称《澳大利亚 ICOMOS 保护具有文化重要性的场所宪章》。该文件对保护工作作了比较系统、详细、明晰的规定，因此可操作性较好，对中国制定《中国文物古迹保护准则》产生了重要影响。

2001 年 3 月，在越南产生了《会安草案——亚洲最佳保护范例》，全称《关于在亚洲文化背景下以〈奈良真实性文件〉（2005 年 4 月第三版）为框架确保和维护世界遗产地真实性的专业指南》。

2 中国保护法规、文献和组织

清光绪三十二年（1906 年）颁布实施《保存古物推广办法》。

清光绪三十四年（1908 年）颁布的《城镇乡自治章程》将“保存古迹”作为善举之一，列为城镇乡“自治事宜”，可能是中国最早涉及保存古迹的法律文件[①]。

清宣统元年（1909 年）清廷组织官员和学者调查国内碑碣、造像、绘画、陵墓、庙宇等文物古迹，全国各地现存的古代桥梁和寺庙几乎都在清代做过修葺[②]。

中国在 20 世纪 20 年代开始现代意义上的考古研究，颁布《古物保存法》（1930 年）、《古物保护法细则》（1931 年），国民政府成立“中央古物保管委员会”，制定《中央古物保管委员会组织条例》。

1961 年颁布的《文物管理暂行条例》中，国务院公布第一批全国重点文物保护单位。

1982 年，《中华人民共和国文物保护法》（2002 年修订）、公布首批 24 个历史文化名城，1986 年和 1994 年公布第二、第三批，数量总计 99 个。后来又分别公布了 4 个城市，历史文化名城总数达到 103 个。

1984 年，“城市规划学会”成立“名城保护规划学术委员会”。

1985 年，全国人大常务委员会批准加入《保护世界文化与自然遗产公约》。

1987 年，“城市科学研究会”成立“名城研究会”，1992 年改为“历史文化名城委员会”。

1992 年国务院颁布《中华人民共和国文物保护法实施条例》。

1993 年建设部、国家文物局起草《历史文化名城保护条例》。

1994 年建设部、国家文物局成立“全国历史文化名城保护专家委员会”。

① 张松．中国文化遗产保护关键词解 [N]. 中国文物报，2005-12-16（8）.
② 谢辰生．中国大百科全书 [M]. 北京：中国大百科全书出版社，1993.

湖南凤凰古城

1997 年国务院发布《关于加强和完善文物工作的通知》，建设部转发《黄山市屯溪老街历史文化保护区保护管理暂行办法》的通知，推动了我国历史文化街区的保护工作。

2002 年国家文物局推出由国际古迹遗址理事会中国委员会编制的《中国文物古迹保护准则》，作为文物古迹保护工作的行业规则和评价的主要标准，也是对保护法规相关条款的专业性解释和处理文物古迹事务的作业依据。

2003 年开始，国家文物局陆续颁布《文物保护工程管理办法》及其相应的勘察设计、施工和监理的资质管理办法。

2005 年，国务院发布《关于加强文化遗产保护的通知》，建设部颁布《历史文化名城保护规划规范》（GB 50357—2005）。

2006 年，国务院公布第六批全国重点文物保护单位 1081 处。此前曾分别于 1961、1982、1988、1996、2001 年，公布了五批全国重点文物保护单位共 1271 处，另有新增 106 处合并到第五批全国重点文物保护单位中。至此，全国重点文物保护单位共有 2352 处。

2007 年 5 月，中国国家文物局、国际文化财产保护与修复研究中心、国际古迹遗址理事会和联合国教科文组织世界遗产中心在北京召开会议，通过了由中国专家为主起草的《北京文件——关于东亚地区文物建筑保护与修复》，进一步阐述了不同地区文化的多样性，并强调对保护过程的记录，对东亚地区以木结构为主的建筑遗产保护的关键性问题，作了明

广西三江程阳风雨桥

确的阐述，不仅澄清了木结构建筑保护中的一些有争议的问题，也丰富了世界建筑遗产保护的理论和方法，是中国开始在世界遗产保护领域产生影响力的标志性文件。

除此之外，近年来中国陆续主办了一系列国际会议，包括2005年的《西安宣言——关于古建筑、古遗址和历史区域周边环境的保护》《苏州宣言》《南京宣言》等。

2008年国务院颁布《历史文化名城名镇名村保护条例》。

2012年12月31日，《历史文化名城名镇名村保护规划编制要求（试行）》实施。

2013年3月，国务院公布第七批全国重点文物保护单位1943处，国家保护单位总数增至4295处，另有47处与现有国家保护单位合并。

2013年5月1日，《广州市文物保护规定》实施，在法理的公平和规范、保护力度、职责赏罚明确等方面，都是国内类似法规中最好的。

2013年9月18日，住建部印发《传统村落保护发展规划编制基本要求（试行）》，将保护规划和发展规划一并编制，有利于保护和协调发展。发展规划要求包含发展定位分析及建议、人居环境规划。

2014年2月1日，《广州市历史建筑和历史风貌区保护办法》实施。此前国内已有上海、南京、杭州、武汉等城市颁布了类似的保护法规，但在保护内容、责任和保护力度等各方面规定，以广州的法规为最。

五、世界文化和自然遗产

1 文化遗产

文物：在历史、艺术或科学上，具有突出的普遍价值的建筑物、雕刻、绘画、古遗址、铭文、洞窟等文物及其综合体。

建筑群：在历史、艺术或科学上，具有突出的普遍价值的独立或相互关联的建筑群。

遗址（名胜地）：在历史、美学、人类学上，具有突出的普遍价值的人造工程或自然与人造工程的结合，以及其遗存。

2 自然遗产

在美学或科学上，具有突出的普遍价值的由地质和生物群落形成或组合成的自然景观。

在科学或保护上，具有突出的普遍价值的由地质地貌以及边界明确的濒危动植物物种栖息地。

在科学、保护或美学上，具有突出的普遍价值的人造工程或自然与人造工程的结合，以及其遗存。

3 文化遗产标准[1]

①代表人类创造天才的一种杰出作品。

②体现在一定时期内或在世界某一文化区域内，人类关于建筑学或技术、纪念物艺术、城镇规划或景观设计等发展的价值观念的一种重要交流。

③为一种现存的或已消逝的文化传统或文明提供独一无二的或至少是特别的见证。

④作为展示人类历史上一个（或几个）重要阶段的一种建筑物，或建筑设计，或技术总体水平，或景观的杰出典范。

⑤作为代表一种（或几种）文化，尤其在不可逆转的变化中显得脆弱的传统人类居住地或使用地的杰出典范。

⑥与某些事件或体现传统、思想或信仰、文艺或文学作品有着直接或实质的联系（一般情况下，此项标准不能单独成立）。

4 《世界遗产名录》

制定《世界遗产名录》并至少每两年更新一次；在必要时制定、更新《处于危险的世界遗产名录》。（《世界文化和自然遗产保护公约》第11条）。

未被列入上述两个目录的文化和自然遗产，绝非意味其不具备突出的普遍价值。（《世界文化和自然遗产保护公约》第12条）。

申请列入《名录》的目的是保证文化和自然遗产得到保护、保存、展示和恢复。（《世界文化和自然遗产保护公约》第13条）。

① 按照《世界遗产公约实施准则》第24段规定。

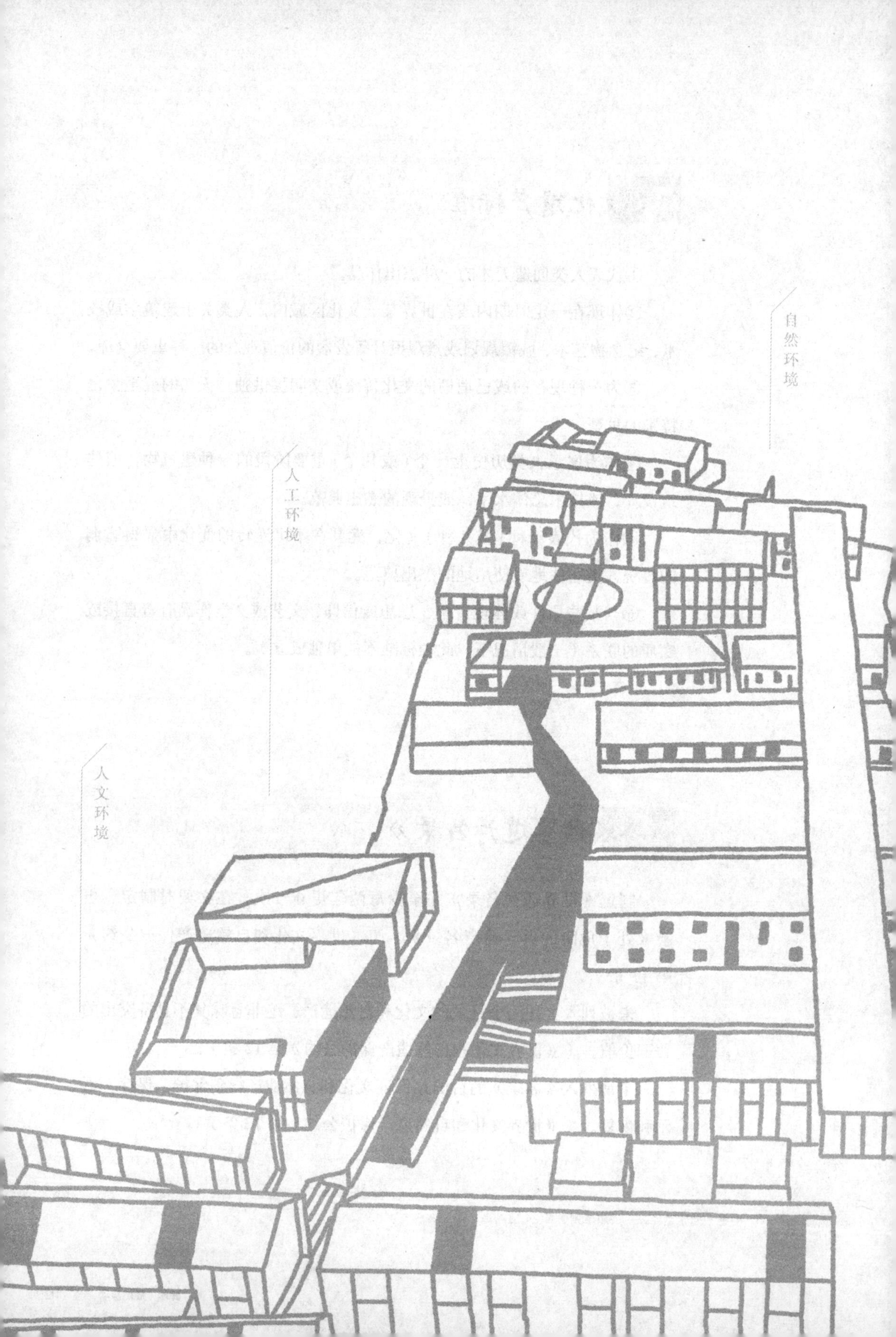
自然环境
人工环境
人文环境

第二章 ○ 渐入 ●

历史环境

一、历史环境的形成

经过长期的历史演变和积淀，形成相对稳定的城市特色，主要反映在以下几个方面：

①自然环境——地形、地貌、地质、动植物、气候等。

②人工环境——建筑物、构筑物等。

③人文环境——历史文化、社会经济，习俗和艺术等非物质文化。

历史环境一般包括四个层次：

①城市所处的地形、地貌、地物等自然与人工环境。

②历史文化名城、名镇和其它历史城镇。

③历史文化名村、街区和其它历史村落与街区。

④文物建筑和其它历史建筑。

二、城市化与文化遗产保护

城市化的加速发展，迅速地改变着城市的面貌，给文化遗产保护带来严重的危机：

①大规模、整体地拆毁历史街区和历史建筑；

②急速地、彻底地改变了原有自然环境和千百年来逐步形成的人工环境；

③毁灭性地破坏了当地具有悠久历史的地方传统文化；

④彻底改变了存在于原有街区和建筑中的社区文化、邻里关系和人际关系。

城市化的加速发展，促进了当地社会经济水平的提高，同时也给文化遗产保护带来了机遇：

①人民文化水平提高，有了欣赏、利用文化遗产的要求，公众对文化遗产保护的意识加强；

②政府财政收入的增加和人民收入水平的提高，为文化遗产保护提供了物质基础；

③人民经济水平的改善，推动高层次文化消费的需求，成为促进文化遗产保护的强大动力。

三、历史文化名城、名镇、名村

1 历史文化名城、名镇、名村的相关概念

《中华人民共和国文物保护法》第十四条：

保存文物特别丰富并且具有重大历史价值或革命纪念意义的城市，由国务院核定公布为历史文化名城。

保存文物特别丰富并且具有重大历史价值或革命纪念意义的城镇、街道、村庄，由省、自治区、直辖市人民政府核定公布为历史文化街区、村镇，并报国务院备案。

历史文化名城和历史文化街区、村镇所在地的县级以上地方人民政府应当组织编制专门的历史文化名城和历史文化街区、村镇保护规划，并纳入城市总体规划。

杭州古村改造的法云安漫酒店

《中华人民共和国文物保护法实施条例》第七条：

历史文化名城，由国务院建设行政主管部门会同国务院文物行政主管部门报国务院核定公布。

《城市规划基本术语标准》（GB/T 50280—98）：

历史文化名城（historic city）——经国务院或省级人民政府核定公布的，保存文物特别丰富、具有重大历史价值和革命意义的城市。

《历史文化名城保护规划规范》（GB 50357—2005）：

历史城区 （historic urban area）——城镇中能体现其历史发展过程或某一发展时期风貌的地区。涵盖一般通称的古城区和旧城区。

广州老西关

2 历史文化名城保护规划[①]

（1）历史文化名城保护规划

以保护历史文化名城、协调保护与建设发展为目的，以确定保护的原则、内容和重点，划定保护范围，提出保护措施为主要内容的规划，是城市总体规划中的专项规划。

（2）编制规划的主要规章

①《历史文化名城名镇名村保护规划编制要求（试行）》（住建部、国家文物局，2012）

②《历史文化名城保护规划规范》（GB 50357—2005）

（3）保护规划遵循的原则

①保护历史真实载体的原则；

②保护历史环境的原则；

③合理利用、永续利用的原则。

（4）保护的内容[②]

①保护和延续古城、镇、村的传统格局、历史风貌及与其相互依存的自然景观和环境；

②历史文化街区和其他有传统风貌的历史街巷；

③文物保护单位、已登记尚未核定公布为文物保护单位的不可移动文物；

① 主要内容引自《历史文化名城保护规划规范》（GB 50357—2005）、《历史文化名城名镇名村保护规划编制要求（试行）》。
② 住建部、国家文物局《历史文化名城名镇名村保护规划编制要求（试行）》。

上海新天地的古街巷

④历史建筑，包括优秀近现代建筑；

⑤传统风貌建筑；

⑥历史环境要素，包括反映历史风貌的古井、围墙、石阶、铺地、驳岸、古树名木等；

⑦保护特色鲜明与空间相互依存的非物质文化遗产以及优秀传统文化，继承和弘扬中华民族优秀传统文化。

（5）保护规划包括的方面

①城市格局及传统风貌的保持与延续；

②历史地段和历史建筑群的维修改善与整治；

③文物古迹的确认。

（6）保护规划的划定

历史地段、历史建筑群、文物古迹和地下文物埋藏区的保护界线，并提出相应的规划控制和建设的要求。

（7）历史城区内的建筑高度控制

在分别确定历史城区建筑高度分区、视线通廊内建筑高度、保护范围和保护区内建筑高度的基础上，应制定历史城区的建筑高度控制规定。

（8）道路交通规则

历史城区道路系统要保持或延续原有道路格局；对富有特色的街巷，应保持原有的空间尺度。

（9）市政工程规则

历史城区内应完善市政管线和设施。当市政管线和设施按常规设置与文物古迹、历史建筑及历史环境要素的保护发生矛盾时，应在满足保护要求的前提下采取工程技术措施加以解决。

（10）防灾和环境保护规则

防灾和环境保护设施应满足历史城区保护历史风貌的要求。

历史城区必须健全防灾安全体系。对火灾及其他灾害产生的次生灾害应采取防治和补救措施。

3 历史文化名镇、名村保护规划

（1）保护规划的内容

①评估历史文化价值、特色和现状存在问题；

②确定保护原则、保护内容与保护重点；

③提出总体保护策略和镇域保护要求；

④提出与名镇名村密切相关的地形地貌、河湖水系、农田、乡土景观、自然生态等景观环境的保护措施；

⑤确定保护范围，包括核心保护范围和建设控制地带界线，制定相应的保护控制措施；

⑥提出保护范围内建筑物、构筑物和历史环境要素的分类保护整治要求；

⑦提出延续传统文化、保护非物质文化遗产的规划措施；

⑧提出改善基础设施、公共服务设施、生产生活环境的规划方案；

⑨保护规划分期实施方案；

⑩提出规划实施保障措施。

（2）总体保护策略和规则措施

①协调新镇区与老镇区、新村与老村的发展关系；

②保护范围内要控制机动车交通，交通性干道不应穿越保护范围，交通环境的改善不宜改变原有街巷的宽度和尺度；

③保护范围内市政设施，应考虑街巷的传统风貌，要采用新技术、新方法，保障安全和基本使用功能；

④对常规消防车辆无法通行的街巷提出特殊消防措施，对以木质材料为主的建筑应制定合理的防火安全措施；

⑤保护规划应当合理提高历史文化名镇名村的防洪能力，采取工程措施和非工程措施相结合的防洪工程改善措施；

⑥保护规划应对布置在保护范围内的生产、储存爆炸性、易燃性、放射性、毒害性、腐蚀性物品的工厂、仓库等，提出迁移方案；

⑦保护规划应对保护范围内污水、废气、噪声、固体废弃物等环境污染提出具体治理措施。

（3）对核心保护范围提出的保护要求与控制措施

①提出街巷保护要求与控制措施；

②对保护范围内的建筑物、构筑物进行分类保护，分别采取以下措施：

一是文物保护单位：按照批准的文物保护规划的要求落实保护措施。

二是历史建筑：按照《历史文化名城名镇名村保护条例》要求保护，改善设施。

三是传统风貌建筑：不改变外观风貌的前提下，维护、修缮、整治，改善设施。

四是其他建筑：根据对历史风貌的影响程度，分别提出保留、整治、改造要求。

③对基础设施和公共服务设施的新建、扩建活动，提出规划控制措施。

（4）近期规划措施的内容

①抢救已处于濒危状态的文物保护单位、历史建筑、重要历史环境要素；

云南来河古镇的悦榕庄酒店

②对已经或可能对历史文化名镇名村保护造成威胁的各种自然、人为因素提出规划治理措施；

③提出改善基础设施和生产、生活环境的近期建设项目；

④提出近期投资估算。

四、城市历史环境保护相关问题

1 城市布局和空间发展模式中的新旧城关系

各个城市的布局与空间发展模式都是比较复杂的，下述 3 种新旧城的关系往往兼而有之，只是相对有所侧重而已：

①新城围绕旧城发展，旧城仍为中心，保护与发展的矛盾可能比较突出；

②新城在旧城侧面发展，形成并列的新中心，新城发展所受制约较小，对旧城的破坏也较轻，新增城市用地问题比较突出；

③新城与旧城隔岸相对，新旧中心对峙，是比较理想的方式，但实际上少有。

北京颐和安缦酒店的赏悦亭

2 城市改建①

城市旧市区为了适应社会经济、技术条件的变化，需要不断地进行改建；即便是城市的新建地区，经过一定时期，也有改建的需要，这是一个不停地新陈代谢的过程。城市改建的目的是不断改善城市居民的物质和精神生活环境。

城市改建的主要内容：

①调整城市的功能结构布局，搬迁污染城市环境的企业和事业单位。

②改造环境条件恶劣的住宅区和破旧的房屋，提高居住水平。

③增建学校、幼儿园、托儿所；调整和新建商业服务网点，提高城市生活社会化的水平。

④整顿和改善城市公路系统，增大通过能力，使城市交通便捷通畅。

⑤增加绿地，美化环境，提高环境质量。

⑥改善市政公用设施，提高服务水平。

⑦妥善维修和积极保护有历史和艺术价值的旧街区、建筑群、建筑物和文物古迹。

城市改建是一项长期的复杂的工作，必须在城市总体规划的指导下有步骤地进行。要制定分期逐步实现的城市改建规划，区别轻重缓急，抓住迫切需要解决的问题，有重点地进行改建。要注意成片地研究改建规划，要综合考虑地面建筑和地下设施，要避免“见缝插针”式的建设。城市改建的规模和速度取决于为此提供的资金。

“城市改造”不是规范的术语，未见诸我国有关法规条文。但近几十年来，“城市改造”却成为我国各城市旧区广泛使用和家喻户晓的用词，人们从这个词当中更多地体会到“拆”字的某种含义②。

① 引自《中国大百科全书·建筑、园林、城市规划卷》。

② 参见：单霁翔．城市化发展与文化遗产保护 [M]. 天津：天津大学出版社，2006：90.

3 城市更新[①]

对不适应现代化城市要求的城市市区，从整个城市考虑，对其进行有计划的改造，使其具有现代化城市的本质，为市民创造良好的生活环境，取得环境、经济、社会三方面效益。

城市更新的环境效益至为明显，城市更新改善了老化地区的实质不良现象，提供足够的公共设施，美化市容，形成适宜居住、工作、休息的环境；城市更新的经济效益也不难预见，城市更新可使经济复兴，虽需很大投资，但据国外的经验，通常在5至10年内可以收回且可得到更多的经济收益，如因固定资产的增值而增加的税收、提高后所得收入，以及建筑工程的收入；城市更新可增加就业率、改良社区环境、增加教育和发展机会、改善卫生条件，从而减少犯罪率、促进社会安定，其社会效益不言自明。

城市更新的方式有：

①重建——将一定地域内的建筑物全部拆除，再对此地域作合理使用。

②改建——对建筑进行维修、改造或更换新的设备，使其能继续使用，并满足新的使用要求。

③维护——对目前尚能满足使用要求的建筑物或地域，采取维护措施，使其延缓或不再恶化。

实际上，城市更新的结果往往是拆旧建新，城市历史文化遗产在“更新”的名义下被毁灭。

20世纪50至60年代，西方“城市更新”运动实践的结果表明，大规模改造无论在解决居民住房问题，还是在改善城市环境方面都没有取得成功，反而给许多历史城市留下许多难以挽回的巨大破坏，加剧了历史城区的衰退现象。“城市更新”运动后来被许多学者称作是继第二次世界大战

① 叶耀先．城市更新的理论与方法[J]．建筑学报，1986（10）：5-11.

以来对城市的“第二次破坏”。美国于1973年废止了“城市更新”法案，改为推进中小规模的社区开发计划。欧洲等地也出现了“历史街区修复”“老建筑有选择地再利用”“社区建筑”“住区自建”等一系列新的规划概念和方法[①]。

4 “社区建筑”运动

20世纪60年代西方一些国家的城市居住环境建设出现的自下而上的理论与实践演变，推动了居住环境建设中广泛的公众参与和社区合作。“社区建筑”的一系列概念诸如“社区规划”“社区发展”“居民自助”“住户参与”“社区合作”等，已经得到联合国和许多国家的响应和支持。

“社区建筑”是针对以大规模改造为特征的“城市更新”运动而出现的，“生活、工作与嬉戏在某个环境中的人们如果能够积极参与环境的创造与经营，而不仅仅是一个消费者，则环境可以变得更好”[②]。

“社区建筑”的成功经验在于：自助、参与、合作、非营利。具备4个特征：

①居民自愿担负创造与经营自我环境的责任，且单独或集体地参与其中。

②居民通过民主方式在社区内部产生了自己的社区组织，同时还得到其它社区组织的支持和帮助。

③居民、社区与外来的单一或多学科专家建立起具有创造力的合作参与关系。

④具体更新方案充分考虑居民对环境的现实需求与能力，追求环境连续的、渐进的变化。

① 参见：单霁翔．城市化发展与文化遗产保护[M]．天津：天津大学出版社，2006：103-121.

② N. Wates, C. Knevit. Community Architecture: how people are creating their own environment[M]. London: Penguin, 1987.

5 “有机更新”理论

20世纪60年代以后，西方学者对现代城市规划的反思以刘易斯·芒福德《城市发展史——起源、演变和前景》、简·雅各布斯《美国大城市的生与死》为代表，批判以大规模改造为主要形式的“城市更新”运动，指出以大规模计划和形体规划来处理城市复杂的社会经济和文化问题的缺陷，强调城市规划应当以人为中心，反对追求“巨大”和“宏伟”的城市改造计划，主张从追求“翻天覆地的大变化”转向追求“连续的、逐渐的、复杂和精致的变化”。

吴良镛提出的旧城更新理论“采用适当规模、合适尺度，依据改造的内容与要求，妥善处理目前与将来的关系，不断提高规划设计质量，使每一片的发展达到相对的完整性，这样集无数相对完整性之和，即能促进北京旧城的整体环境得到改善，达到有机更新的目的”[①]。

对原有居住建筑根据其现状区别对待：

①质量较好、具有文物价值的予以保留；部分完好的加以修缮；已破败的拆除更新。各类的比例根据调查结果确定。

②居住区内的道路保留胡同式街坊体系；

③新建住宅将单元式住宅与四合院住宅形式相结合，探索“新四合院”体系。

成都宽窄巷子

① 吴良镛．北京旧城与菊儿胡同[M]．北京：中国建筑工业出版社，1994：225.

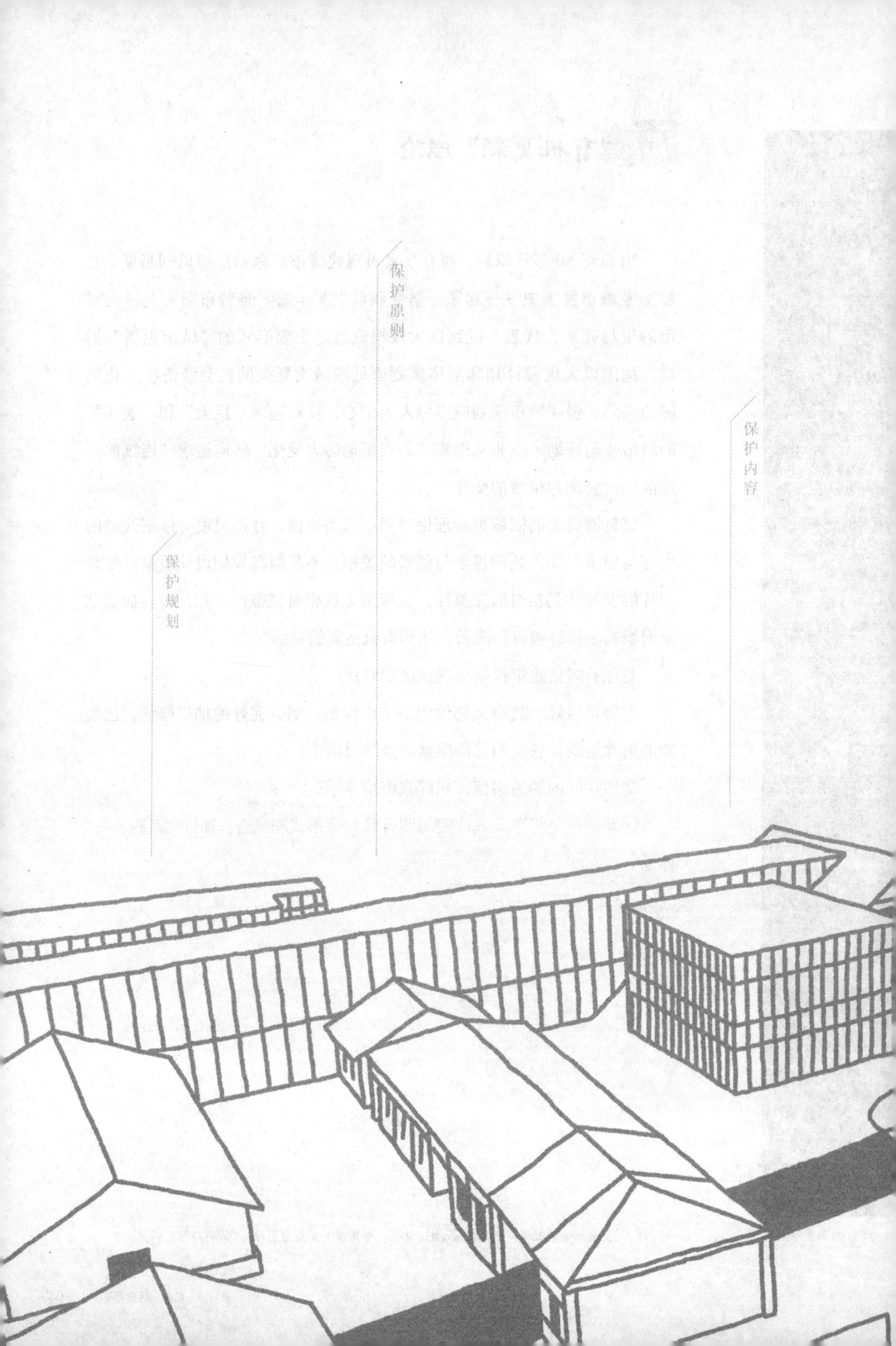
保护原则
保护内容
保护规划

第三章 ○ 核心 ●

历史文化街区

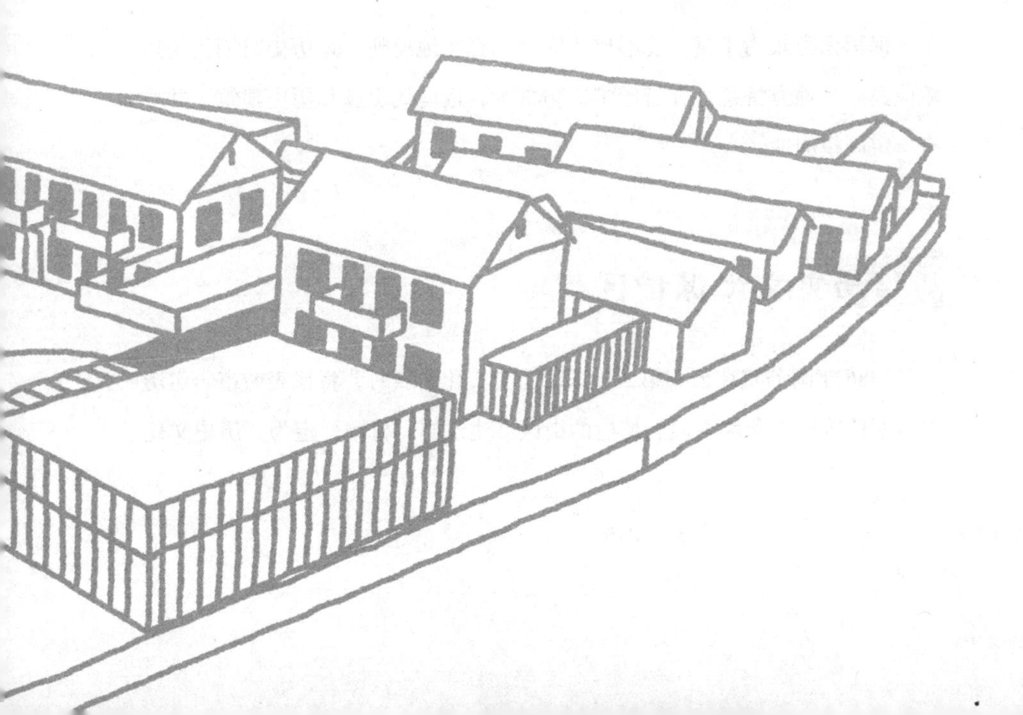

一、历史文化街区的概念

20 世纪 60 年代，国际上开始将文物保护的对象从个体扩大到地段，特别是《关于历史地区的保护及其当代作用的建议》（内罗毕建议，1976）、《保护历史城镇与城区宪章》（华盛顿宪章，1987）等条例的相继出台，在世界范围确立了历史街区保护研究的学术地位。

法国于 1962 年颁布《马尔罗法》，是较早立法保护历史街区的国家。

日本在 1975 年修订《文化财产保护法》时，增加了“传统建筑物群保存地区”制度。

中国在 20 世纪 90 年代，正式将“历史文化保护区”“历史街区”作为保护对象，目前统称“历史文化街区”。

1 历史地段

保留遗存较为丰富，能够比较完整、真实地反映一定历史时期传统风貌或民族、地方特色，存有较多文物古迹、近现代史迹和历史建筑，并具有一定规模的地区[①]。

2 历史文化保护区

1986 年国务院在公布第二批国家历史文化名城时，将代表城市一定历史时期传统风貌和地方民族特色的街区、建筑群、村镇，定为“历史文化

① 引自《历史文化名城保护规划规范》（GB 50357—2005）。

保护区”。后来也指经县级以上人民政府核定公布的，应予以重点保护的历史地段。

3 历史文化街区

2002 年经修订的《文物保护法》第十四条规定：“保存文物特别丰富并且具有重大历史价值或革命纪念意义的城镇、街道、村庄，由省、自治区、直辖市人民政府核定公布为历史文化街区、村镇，并报国务院备案”，现在也指经各级人民政府核定公布应予重点保护的历史地段。2005 年建设部公布的《历史文化名城保护规划规范》（GB 50357—2005）中所称“历史文化街区”是指省级人民政府核定公布应予重点保护的历史地段，并将“历史文化保护区”等同于“历史文化街区”，我国以往对历史地段更多称为“历史街区”或“历史文化保护区”，现在称为“历史文化街区”，实际上“历史文化保护区”涵盖的类型较多。而“文物古迹地段”作为特殊的一类历史地段，也应受到重视。

4 历史文化街区应具备的条件①

①有比较完整的历史风貌；

②构成历史风貌的历史建筑和历史环境要素基本上是历史存留的原物；

③历史文化街区用地面积不小于 $1hm^2$；

④历史文化街区内文物古迹和历史建筑的用地面积宜达到保护区内建筑总用地的 60%以上。

① 引自《历史文化名城保护规划规范》（GB 50357—2005）。

5 保护的必要性和可行性①

我国古城虽多，但整体保存完好的很少，而保存着完整历史风貌的街区则为数不少，保护历史文化街区更具有普遍意义；

大面积保持一种特定的历史风貌难以做到，只是少数历史文化名城有条件实行全面保护。在多数历史文化名城中，选择若干历史文化街区加以重点保护，以这些局部地段来反映古城的风貌特色是比较现实可行的；

城市总是要发展的，历史文化名城也要完善基础设施，改善人民生活，逐步实现城市现代化，因此需要采取保护与建设两全的措施，尤其是在历史文化街区内，有必要将保护放在第一位；

历史文化街区中除了文物保护单位等不得改变原状之外，一般历史建筑可以改善内部以适应现代使用要求，使得保护与建设相协调。

二、历史文化街区保护的内容、原则与保护规划要点

1 保护的内容

①保护街道、建筑物、绿化和空地等的格局和空间形式；

②保持历史建筑的体量、形式、风格、材料、色彩、装饰等；

③保存街区与周围的自然、人工环境的关系；

④尽可能保存街区在历史上的功能与作用；

⑤保护、整治各类建筑，改善基础设施，改善人居环境；

⑥保护非物质遗产及其场所。

① 叶如棠．在历史街区保护（国际）研讨会上的讲话 [J]. 建筑学报，1996（9）：4-5.

上海石库门

2 保护的原则[①]

①真实性：保护历史遗存的真实性，保护历史信息的真实载体；

②完整性：保护历史风貌的完整性，保护街区的空间环境；

③持续性：维持社会生活的延续性，继承文化传统，改善基础设施和居住环境，保持街区活力。

3 保护规划要点[②]

①确定保护的目标和原则，评估历史文化价值、特点和现状存在问题，严格保护街区历史风貌，维持街区整体空间尺度，对街区内的街巷和外围景观提出具体的保护要求；

②按详细规划的深度，划定保护界线，提出建（构）筑物和历史环境要素的控制规定和进行维修、改善与整治的规定，调整用地性质，进行重要节点的整治规划设计，拟定实施管理措施；

① 引自《历史文化名城名镇名村保护规划编制要求（试行）》。
② 引自《历史文化名城保护规划规范》（GB 50357—2005）和《历史文化名城名镇名村保护规划编制要求（试行）》。

③划定街区的保护范围和建设控制地带的界线，可根据实际需要划定环境协调区的界线；提出保护范围、建设控制地带和环境协调区内的控制要求；

④对街区内需要保护的建（构）筑物，根据保护价值和现状情况进行分类和调查统计；

⑤对街区内的历史环境要素进行列表逐项调查统计；

⑥为街区内所有的建（构）筑物和历史环境要素，选定相应的保护和整治方式，分别采取修缮、改善、整治和更新等措施；

⑦对位于街区外的历史建筑群，依照街区的保护要求，制定管理办法和控制要求；

⑧提出保持街区活力、延续传统文化的规划措施；

⑨提出改善基础设施、公共服务设施、灾害防御的规划方案。

三、城市紫线

2004 年，我国城市规划部门开始实施建设部颁布的《城市紫线管理办法》。

1 城市紫线

《城市紫线管理办法》第二条：

城市紫线指国家历史文化名城内的历史文化街区和省、自治区、直辖市人民政府公布的历史文化街区的保护范围界线，以及历史文化街区外经县级以上人民政府公布保护的历史建筑的保护范围界线。

成都宽窄巷子

2 紫线划定

《城市紫线管理办法》第三条：

在编制城市规划时应当划定保护历史文化街区和历史建筑的紫线。国家历史文化名城的城市紫线由城市人民政府在组织编制历史文化名城保护规划时划定。其他城市的城市紫线由城市人民政府在组织编制城市总体规划时划定。

萨骑马

广州荔枝湾

3 划定原则

《城市紫线管理办法》第六条：

历史文化街区的保护范围应当包括历史建筑物、构筑物和其风貌环境所组成的核心地段，以及为确保该地段的风貌、特色完整性而必须进行建设控制的地区。历史建筑的保护范围应当包括历史建筑本身和必要的风貌协调区。城市紫线范围内文物保护单位保护范围的划定，依据国家有关文物保护的法律、法规。

目前，《城市紫线管理办法》对城市紫线的划定，在概念、称谓和做法上与《文物保护法实施条例》《历史文化名城保护规划规范》等上位法规之间，还存在不统一、不协调之处。按照立法原则，《城市紫线管理办法》应让位于上位法规。

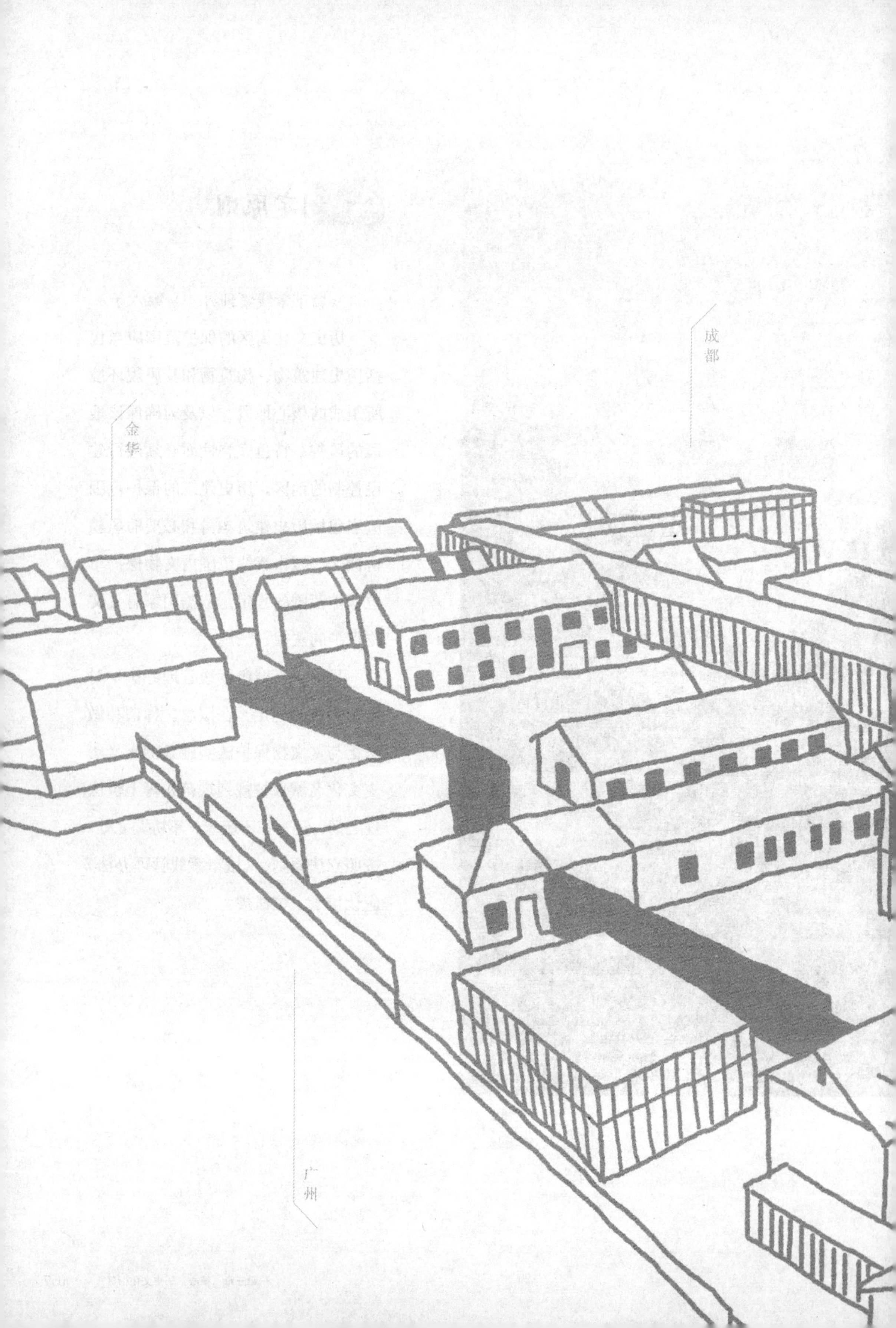
成都
金华
广州

第四章 ○ 焦点 ●

改造案例赏析

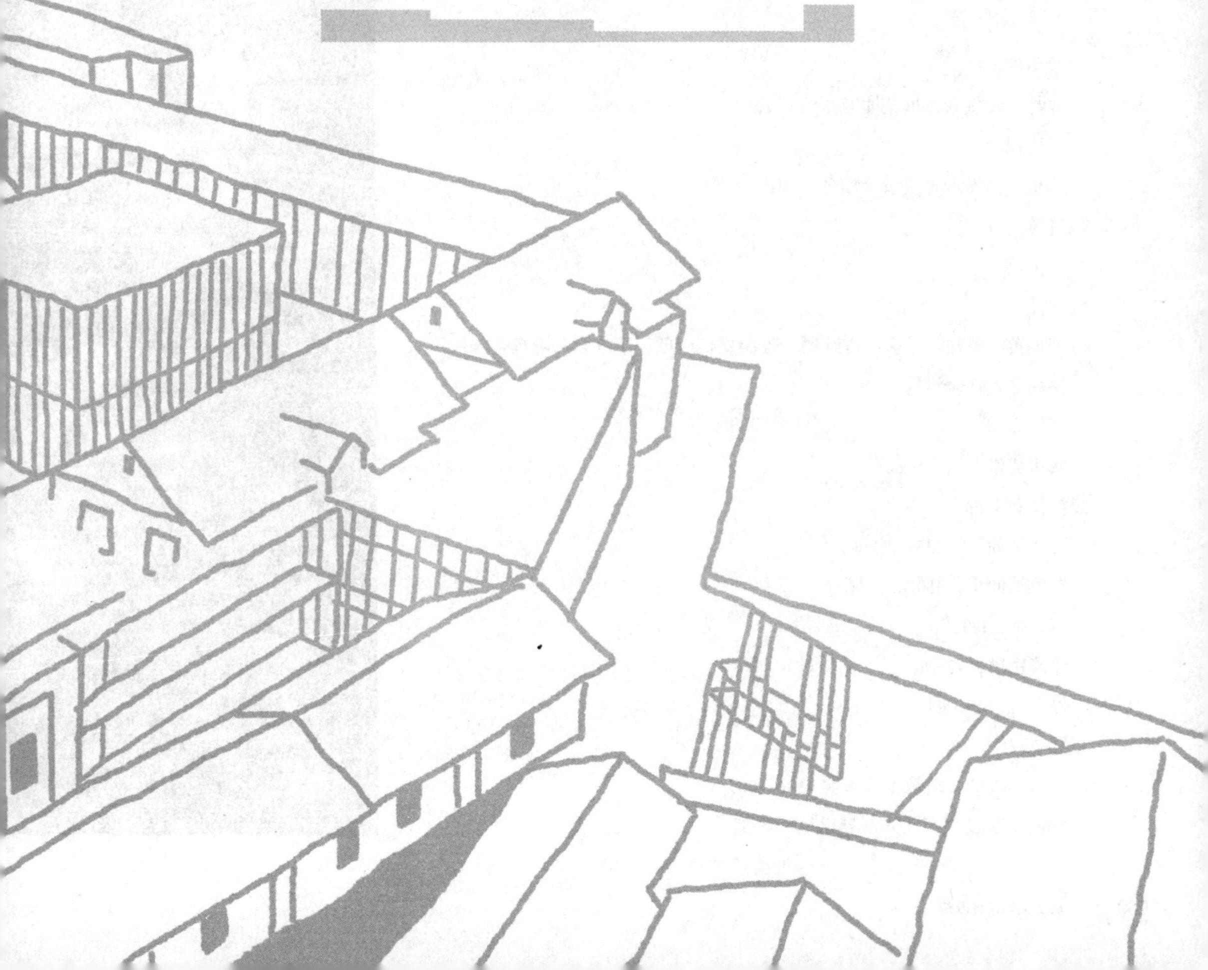

案例 1 / CASE 1

成都宽窄巷子历史文化街区规划工程

宽窄巷子里的「最成都」，「城市客厅」中的新体验——

开发单位

- 成都文化旅游发展集团有限责任公司

设计公司

- 北京华清安地建筑设计事务所有限公司

项目负责人

- 刘伯英

设计师

- 刘伯英、黄靖、弓箭、古红樱、陈禹夙、白鹤、宁永嘉、陈挥、何伟嘉、何晓洪等

项目地点

- 四川成都

经济技术指标

- 总用地面积，43581.74 ㎡
- 总建筑面积，45074.11 ㎡
- 容积率，0.92
- 建筑密度，47.8%
- 停车位， 285 辆

获奖情况

- 中国建筑学会建筑创作大奖 1949-2009
- 2009 年度教育部优秀规划设计一等奖

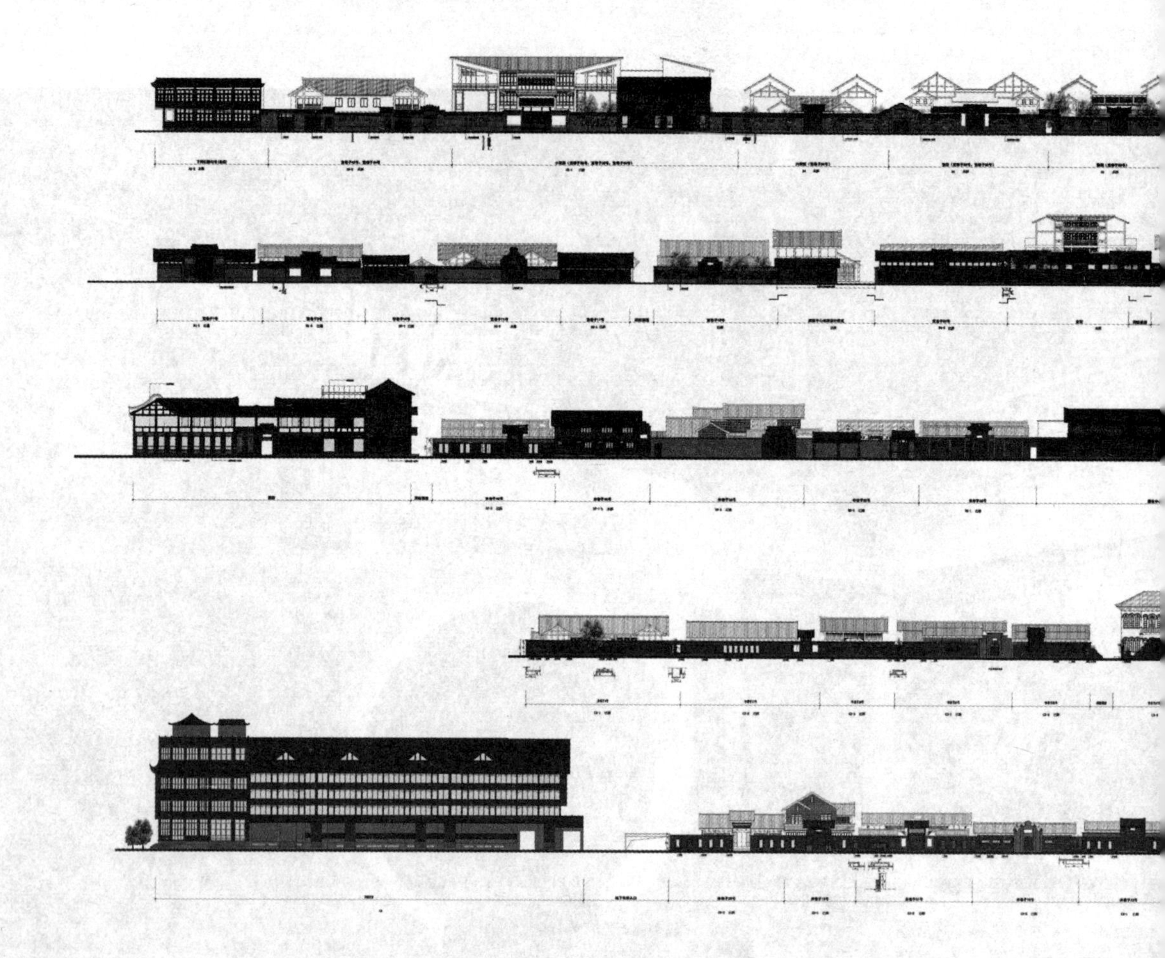

〔简述〕

成都是我国首批24个历史文化名城之一，是西南地区的政治、文化、经济、旅游的中心城市。1986年成都市总体规划明确提出保护大慈寺、文殊坊、宽窄巷子街巷这三片历史文化保护区。宽窄巷子历史文化保护区以泡桐树街、金河路、长顺上街、下同仁路为界，总占地面积约31.93hm²，其中核心保护区约占6.66hm²，主要以宽巷子、窄巷子、井巷子3条传统街巷为重点。2003年成都市对这三片保护区重新编制保护规划，成立成都少城建设管理有限责任公司承担宽窄巷子历史文化保护区的保护和建设工作，委托北京华清安地建筑设计事务所有限公司进行规划设计及策划定位的工作，5年中先后完成了修建性详细规划、传统院落建筑测绘、建筑设计、

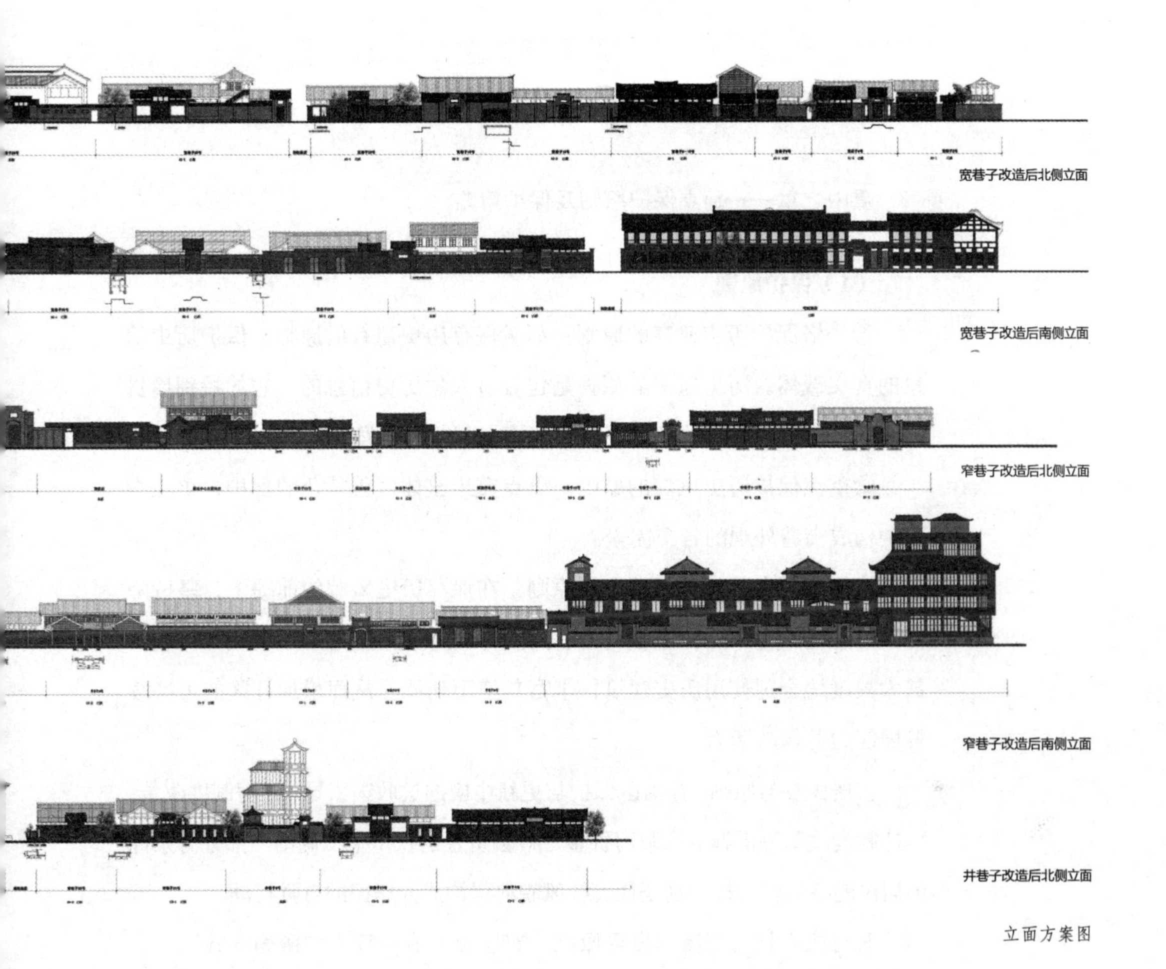

立面方案图

景观设计和招商策划，并于 2008 年 6 月 14 日第 3 个“中国文化遗产日”举行了竣工仪式，成为“5·12”汶川地震之后，四川省振兴旅游业的重点项目。现在宽窄巷子已经成为成都市的“城市客厅”，成为体验“最成都”传统文化的代表。

宽窄巷子历史文化街区保护项目从 2003 年启动到 2008 年 6 月正式开街亮相，前后经历了 5 年多的时间，对于整个设计团队，五年中充满了对保护文化遗产的神圣使命和责任，保持着对方案重复修改完善的坚持和耐心，怀着对不可控因素干扰的无奈和遗憾，同时更为开街后的精彩亮相感到惊喜和欣慰，开街后仍然不懈地对后续的设计反馈进行实时的修改和完善，华清安地作为宽窄巷子的设计团队，见证了宽窄巷子从无到有化蛹为蝶的嬗变。

〔宽窄巷子规划设计〕

重中之重——确立保护原则及保护策略

（1）保护原则

①严格保护历史遗存的原则：尽量保存历史遗存的原物，保护历史信息的真实载体。历史遗留的原物是包含着大量历史信息的，它的特别珍贵之处在于它可以不断地被研究、被解读，不断有所发现。

②重点保护历史风貌的原则：重点突出整体风貌特色的保护，重点在保护构成街巷外观的各个因素。

③保护与合理使用相结合的原则：在保存历史风貌的前提下，坚持降低人口密度，改善基础设施，提高绿化率，控制建筑密度，优化街区环境，最大限度地合理使用历史建筑，丰富其使用功能，从而增加社区的可持续发展能力并保持活力。

④居民参与原则：在街区保护与更新中应通过政策引导、住房制度改革、拆迁制度改革等措施，在政府资金、社会资金的扶持下，调动一部分有条件的居民的参与积极性，真正让传统风貌的保护成为居民的自觉行动。

⑤有机生长与可持续发展原则：有重点、有目标，“微循环式”，分期分批，坚持不懈。

总平面图

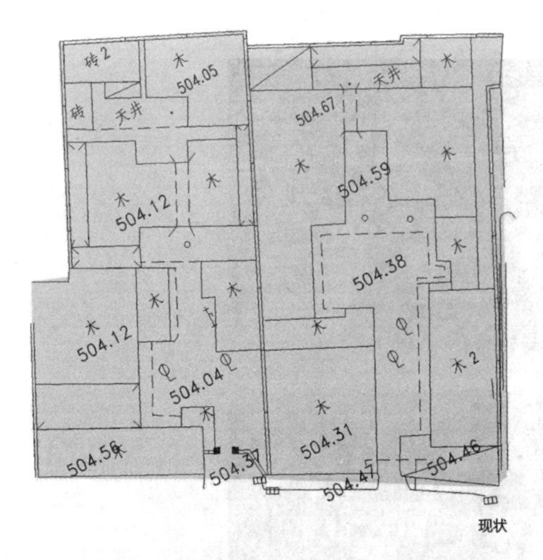

现状

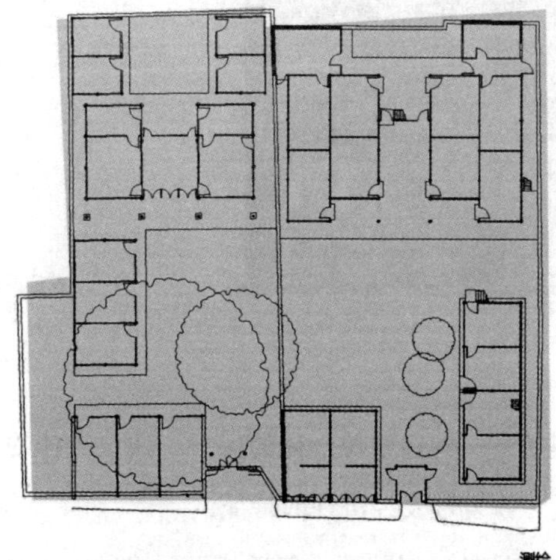
测绘

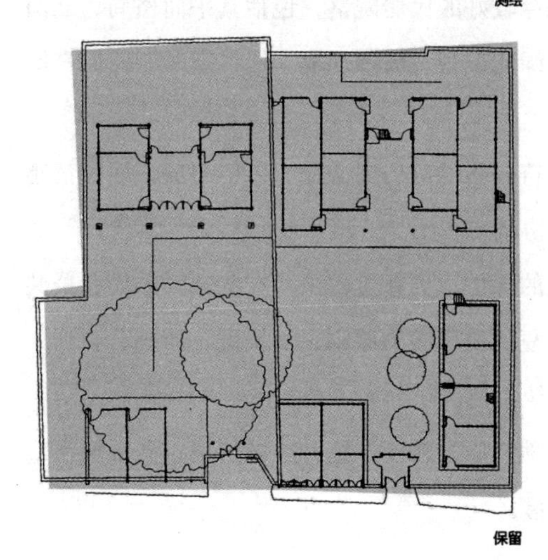
保留

分标图

（2）保护规划设计策略

①功能调整与要素控制：调整不合理的功能结构与用地布局，核心保护区规划是以文化、商业、旅游、餐饮、休闲、居住为主的多功能复合型区域，迁出工厂、部队单位、行政单位，疏散居住人口，增加绿化用地和停车设施，改善核心保护区的生活条件。

②改善交通环境：要让宽窄巷子历史文化保护区得以更新并具备现代城市功能，做到既保护传统街巷的空间环境与历史景观风貌，又合理地解决现代城市交通发展需求。这是整个街区的活力及未来的可持续发展必要条件。

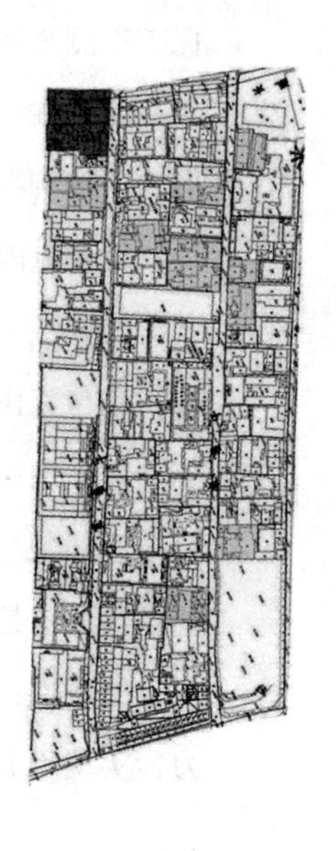

模型图

③确立街巷——院落——建筑——构件四位一体的保护：四位一体的保护重点是体现原真性、整体性、恢复性及经济性的特征。

原真性：悉心保护目前保存较好的民居院落，包括其平面格局、立面形式、结构特征、细部装饰、绿化景观及周围环境，使特定时期的原真历史文化特点能够得到延续。

整体性：保护的手段必须符合当地的历史文化、风俗习惯、居民情感等，应与整体城市历史风貌相协调。

恢复性：在历史文化街区的保护、更新过程中，一些辅助的街巷公共设施、铺装、装饰等都应以恢复历史风貌为原则，其尺度、质感、材料、色彩及形式都必须具有地域传统特色。

经济性：通过对保护区用地性质的转换，提升区域价值，激活城市活力，实现历史文化的可持续发展。

④恢复及改造绿化景观：首先是保护古树、珍贵树种及有特色的灌木花草，扩大街区与庭院的绿化覆盖率，调整绿化空间结构，形成街区——街巷——庭院、地面——地上——墙外等多个层次的绿化景观。

⑤全面升级市政设施：市政工程设施要服从保护历史街区风貌的要求；历史街区的保护中，要本着“方便居民生活，有利旅游提升，提高环境质量，促进持续发展”的规划思想考虑技术要求；结合街巷特点，因地制宜，寻找最有利的技术途径，节省投资和运行费用；技术安全可靠，维护管理方便，增强规划的可操作性，便于专业部门实施。

⑥消防安全的技术实现：贯彻以防为主的防火意识；合理设置消防分区；在街巷公共区域与庭院私密区域的室内外设置消火栓；制定建筑与室内装饰应采取的消防措施；对火灾报警进行综合控制；落实消防保障及监控措施。

【宽窄巷子历史文化保护区的建筑设计】

（1）测绘——方案设计的基础

图纸示例：宽巷子 3 号院

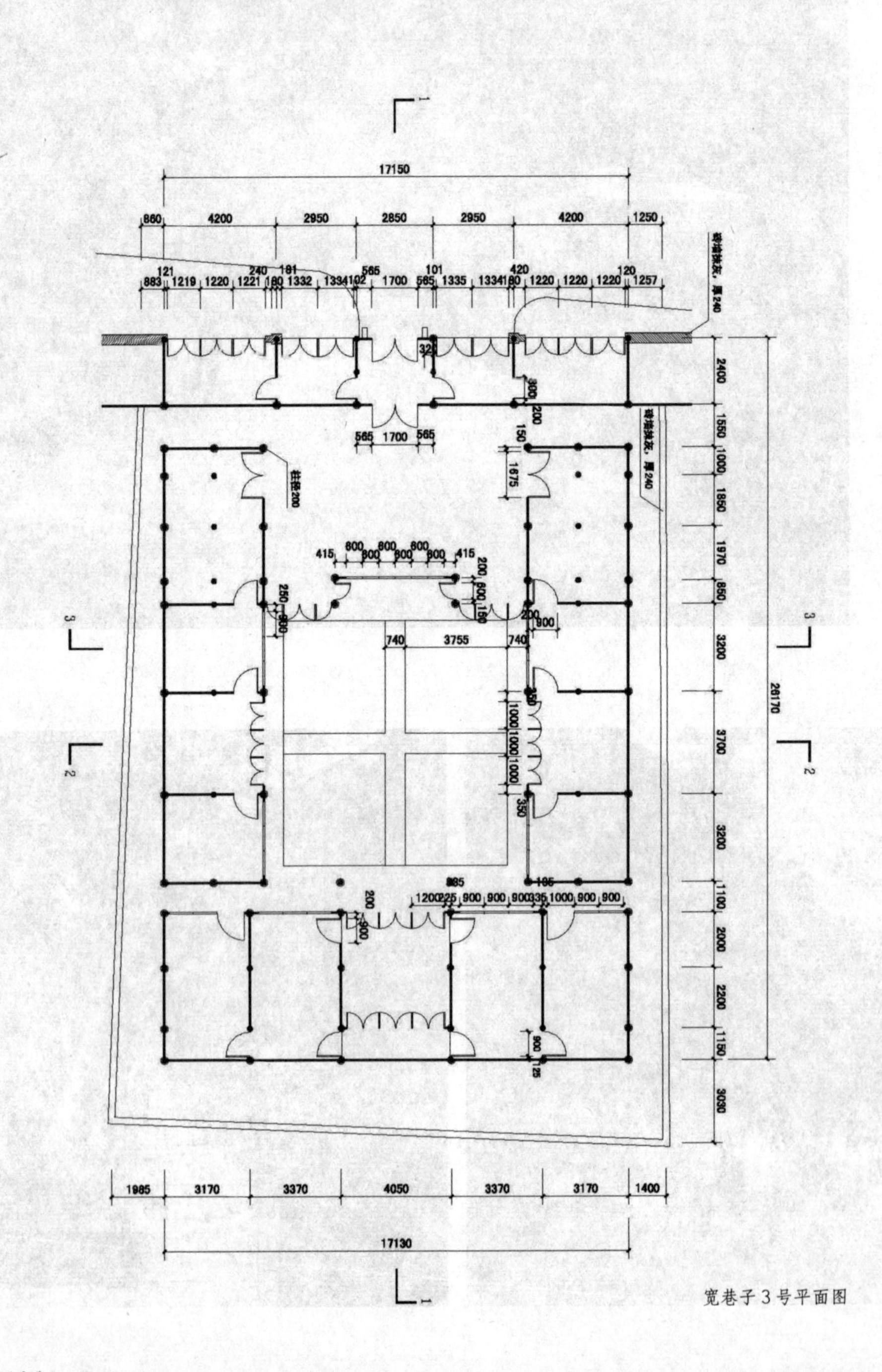

宽巷子 3 号平面图

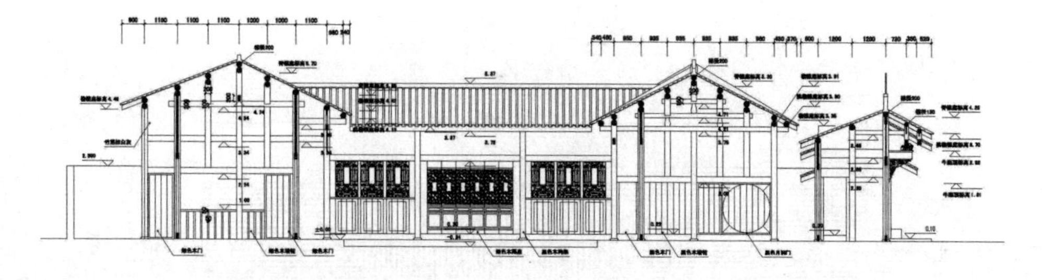

宽巷子 3 号 1-1 剖面图

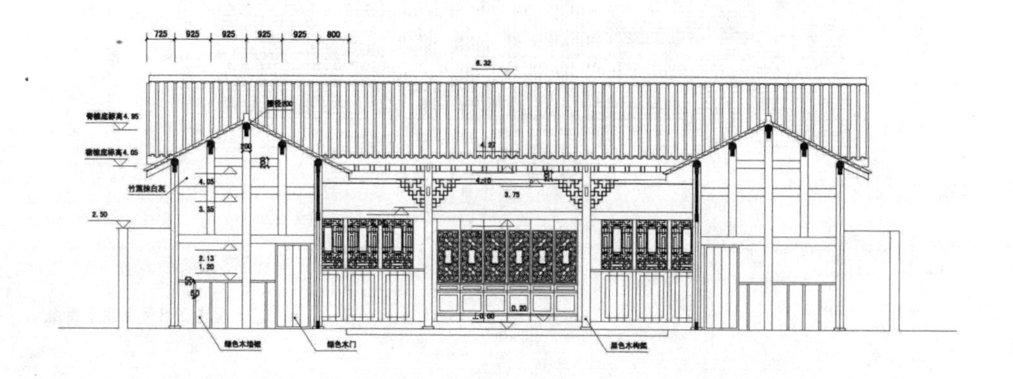

宽巷子 3 号 2-2 剖面图

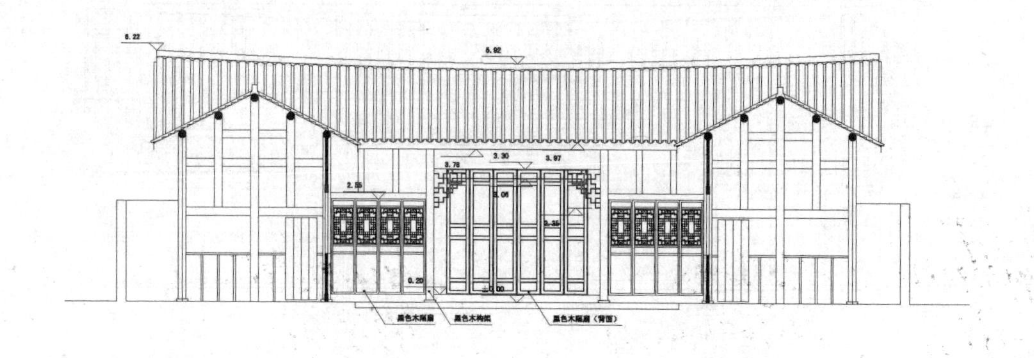

宽巷子 3 号 3-3 剖面图

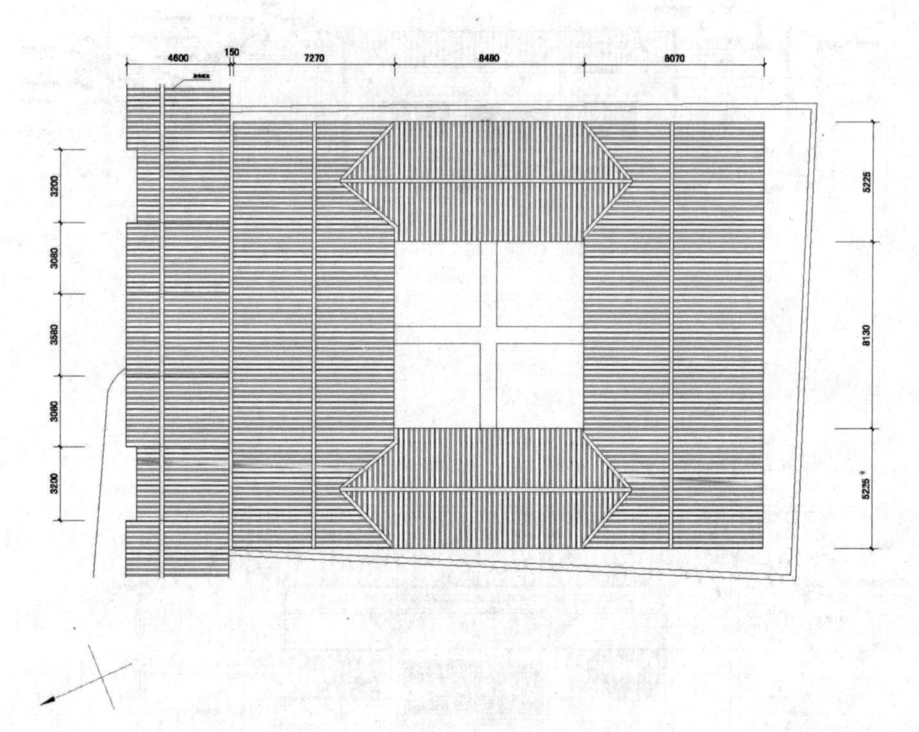

宽巷子3号屋顶平面图

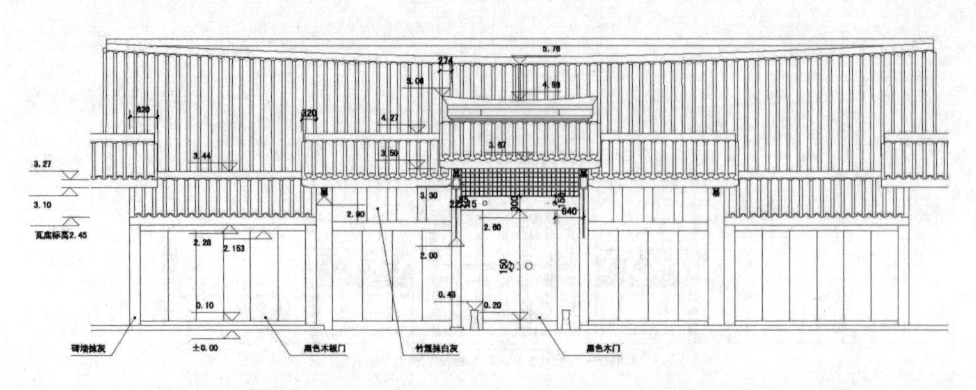

宽巷子3号北立面图

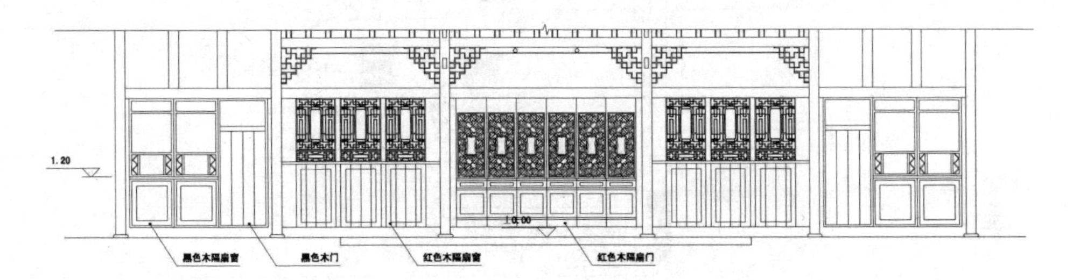

宽巷子 3 号正房北立面图

宽巷子 3 号大门北侧挑檐檩下装饰大样

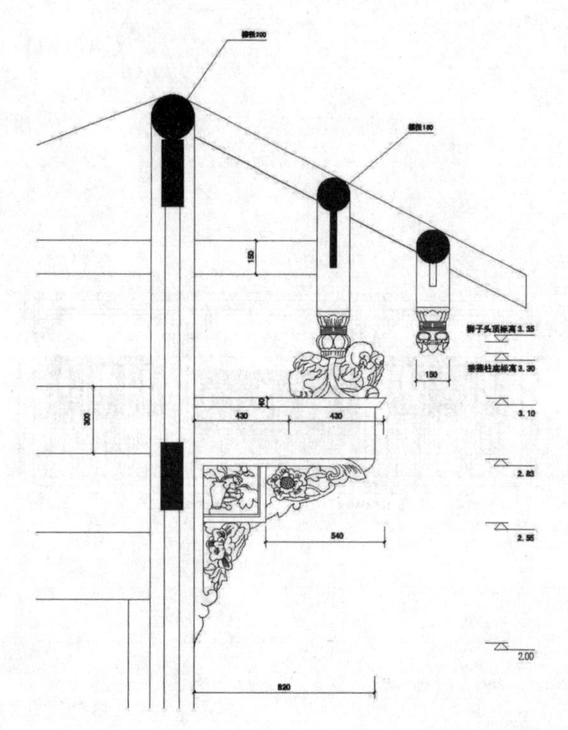

宽巷子3号大门牛腿大样

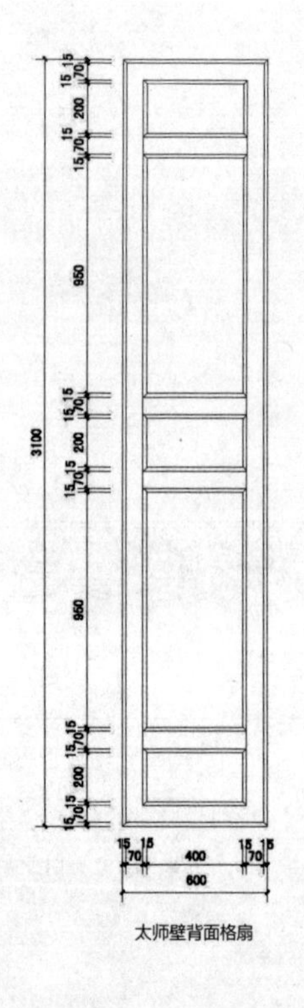

太师壁背面格扇

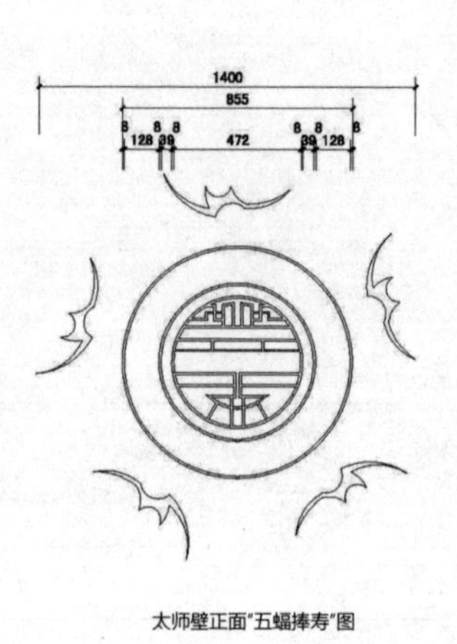

太师壁正面"五蝠捧寿"图

宽巷子3号厅堂明间太师壁大样

（2）细胞与灵魂：以院落为基本单元的保护模式

宽窄巷子传统院落遵循如下的分级原则：

①院落格局的完整程度，有无独特院落形式与空间；

②主体木结构建筑是否保存完整，砖木结构建筑是否有特色；

③大门门头是否完整，样式是否独具风格；

④装饰构件与门窗是否保持传统样式，是否具有保存价值；

⑤是否有特殊的历史遗物，充分反映某一历史时期特征（如拴马桩、牌匾、碑刻、水井等）。

瓦尔登

在这些原则的指导下，我们经过扎实的现状调查，将宽窄巷子核心保护区按照院落现状情况分为以下六类：

第一类：院落格局保存完整、历史价值较高，主体建筑有特色；

第二类：院落格局较为完整，主体建筑基本保存，部分构件有损坏；

第三类：院落格局尚存，主体建筑年久失修，部分门窗构件损坏较为严重；

第四类：院落格局极不清晰，建筑属于危旧房屋，私搭乱建严重，基本不能反映历史信息；

第五类：新建的仿古建筑，考虑了与传统街区的风貌协调，体量较大；

第六类：严重影响保护区历史风貌的新建建筑。

在此分类基础上，针对不同等级的院落采取不同的保护原则和设计手法。宽窄巷子的保护更新应遵循重点保护、合理保留、普遍改善、局部改造的分级保护措施。

保护：保存现有院落格局与建筑物，真实反映历史遗存。对较完整民居院落采取保护的方式，对个别构件加以维修，剔除近年新加建部分。该方式适用于一类全部、二类大部分院落。

维修：原有院落主体格局不变，在保护原有院落格局与建筑风貌、整治外部环境的同时，重点对建筑内部加以调整改造，强化建筑结构并修缮破损的建筑构件。该方式适用于二类部分、三类、五类院落。

复原：保护规划设定的一、二、三类院落中已损毁的建筑，根据传统院落的格局进行复原，要保证格局、体量、形式、风貌的一致性与连续性。

更新：对于现存质量极差的建筑、影响历史风貌的现代建筑，应采取拆除重建、更新设计的措施。新建建筑在布局方式、建筑体量、立面风貌、材料质感、色彩形式等方面应与原有建筑协调呼应。该方式适用于四类、六类院落。

迁建：可将市区内其他地方质量较好、尺度合适的传统民居院落迁移至此。其原则是首先不破坏迁移地的历史环境风貌，其次是与迁至地的整体环境协调。

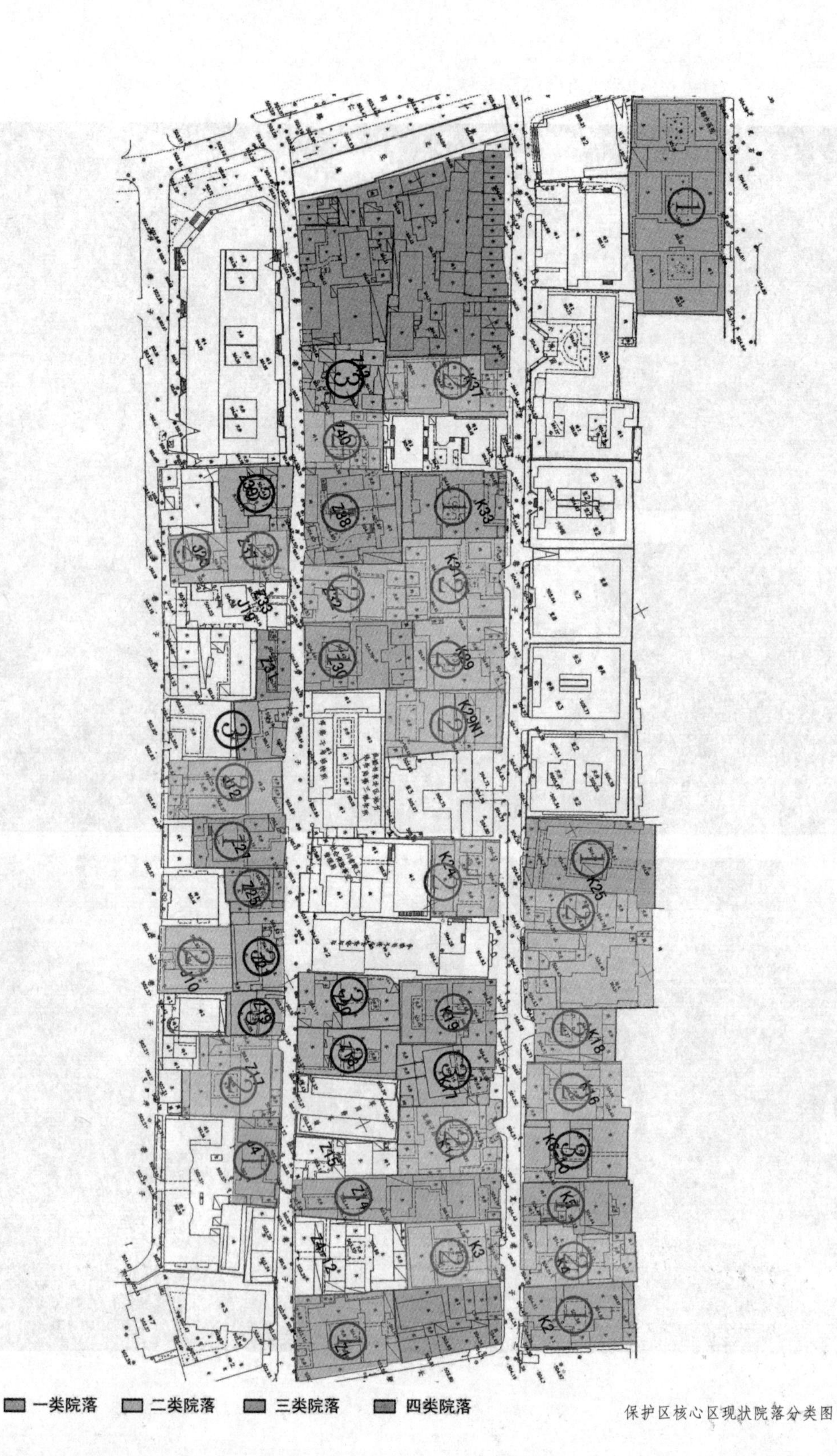

保护区核心区现状院落分类图

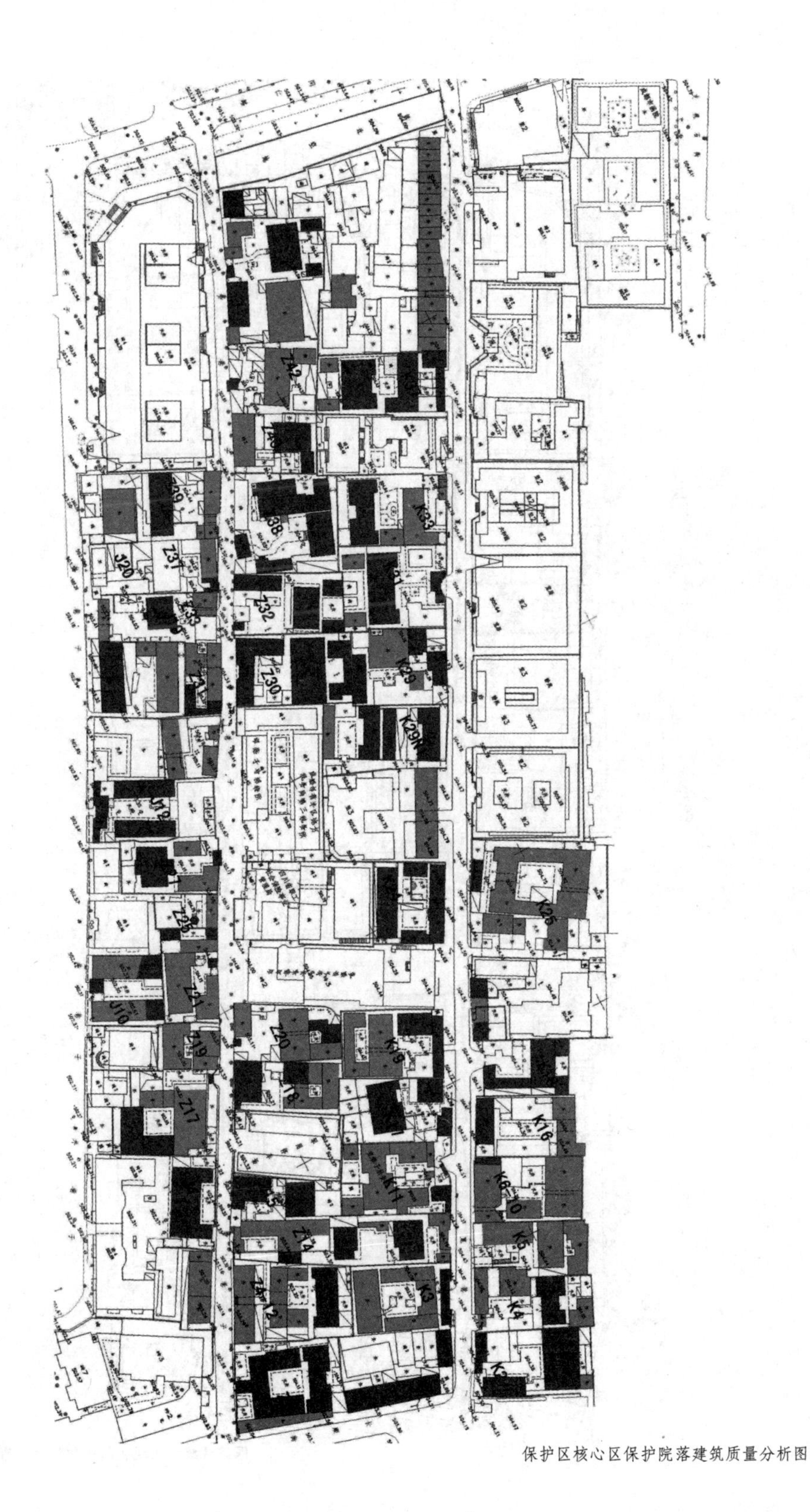

保护区核心区保护院落建筑质量分析图

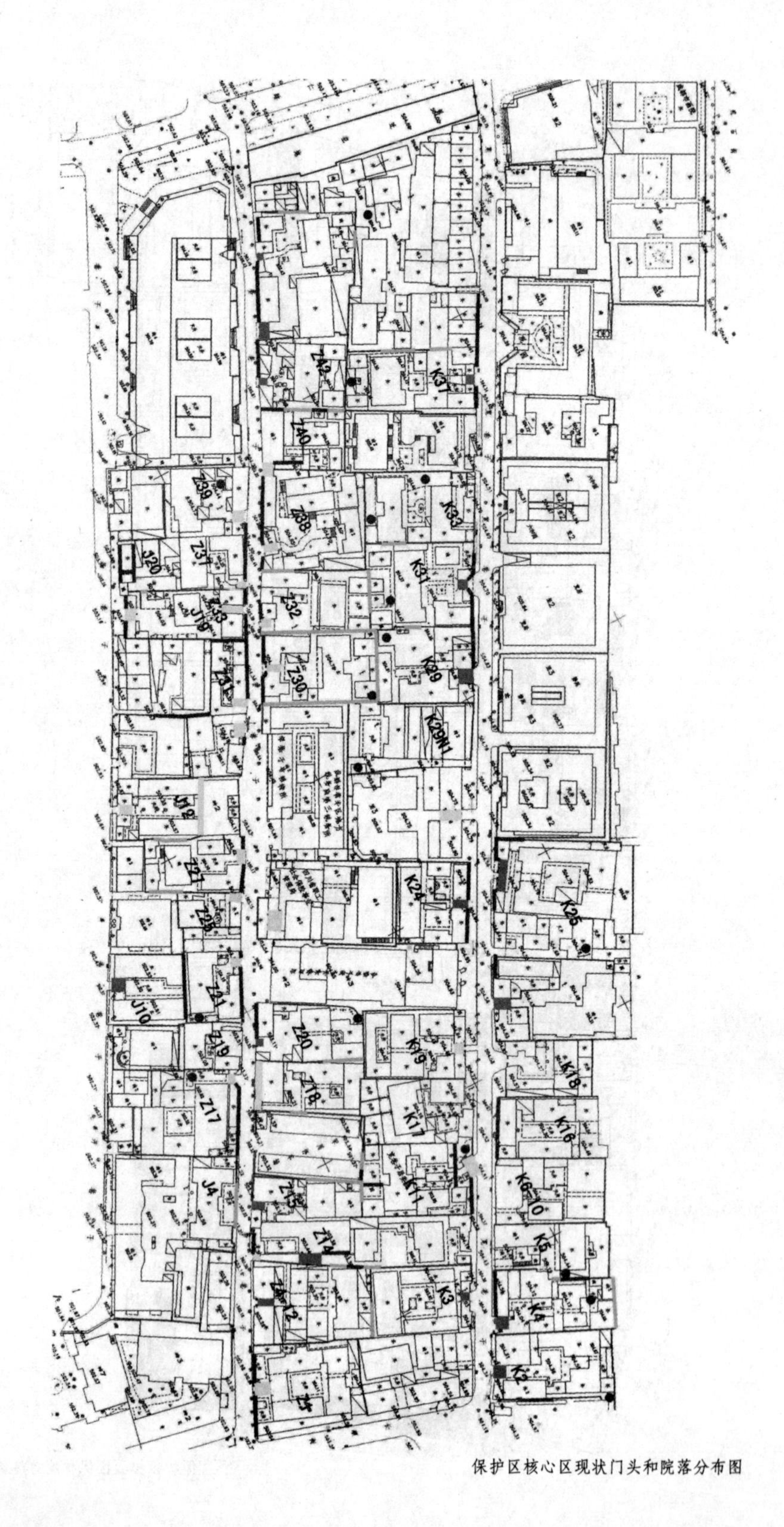

保护区核心区现状门头和院落分布图

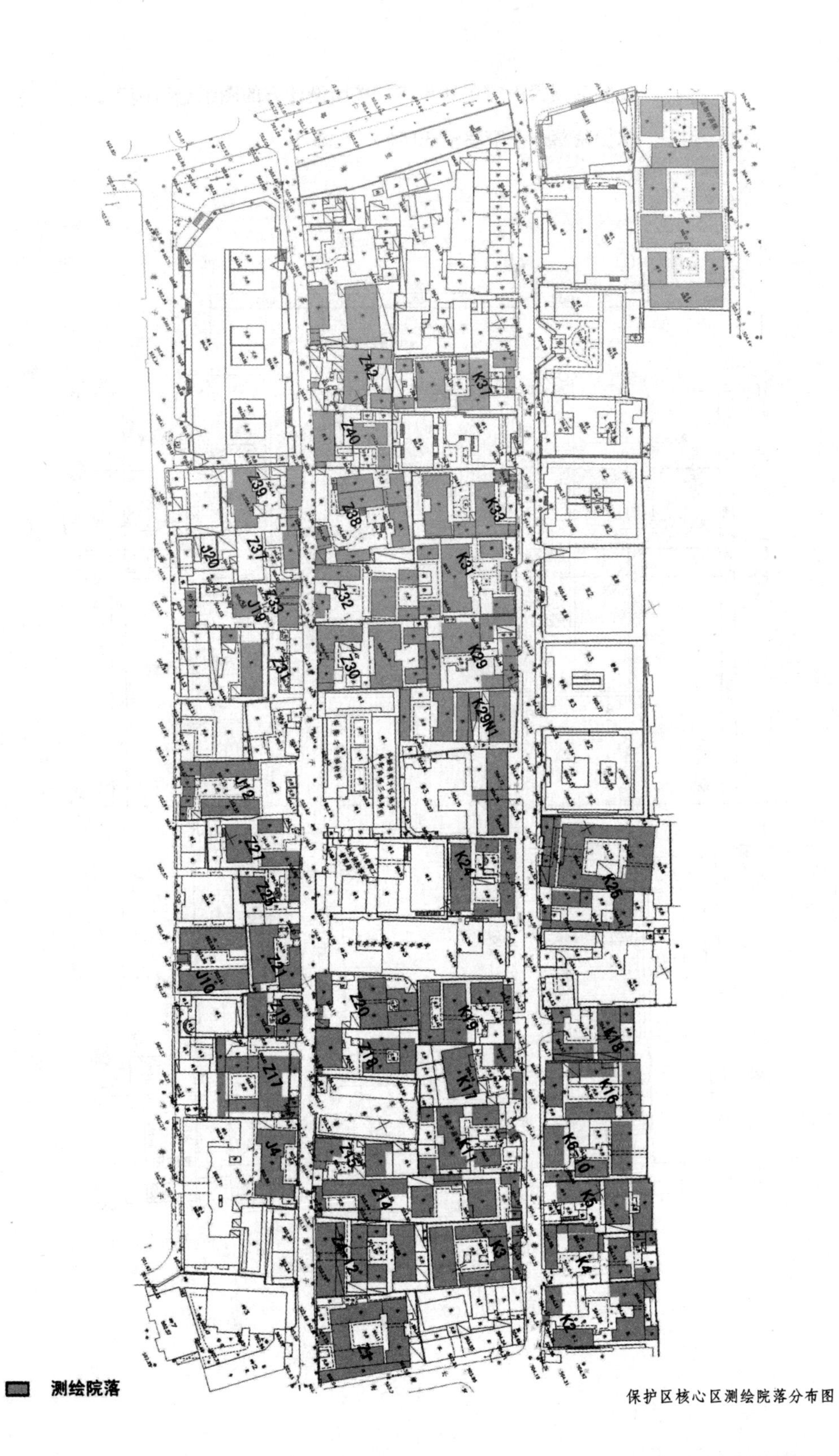

保护区核心区测绘院落分布图

如院落损毁确需更新重建，按照设计方的图纸进行施工。

保护院落——窄巷子30号

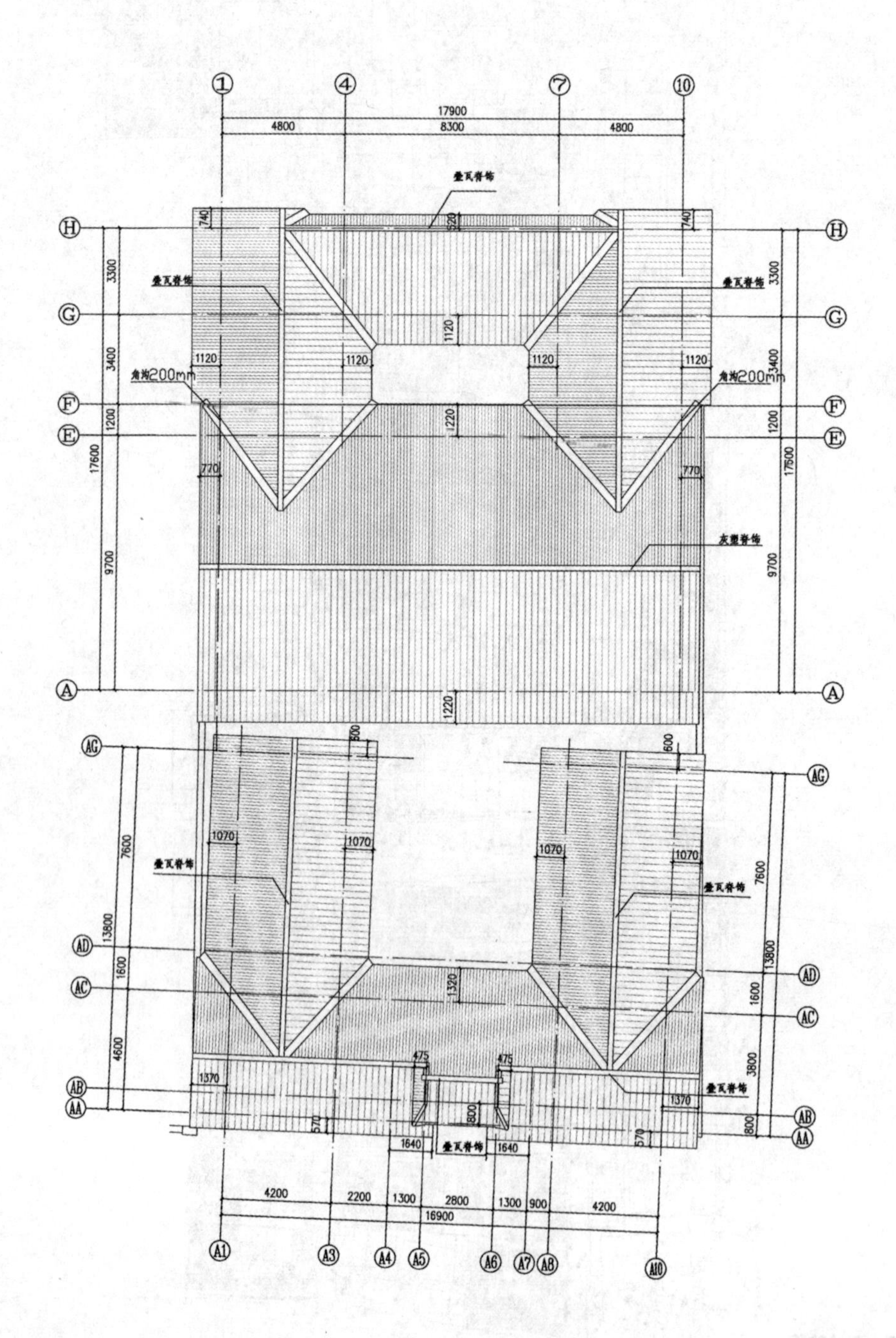

屋顶平面图

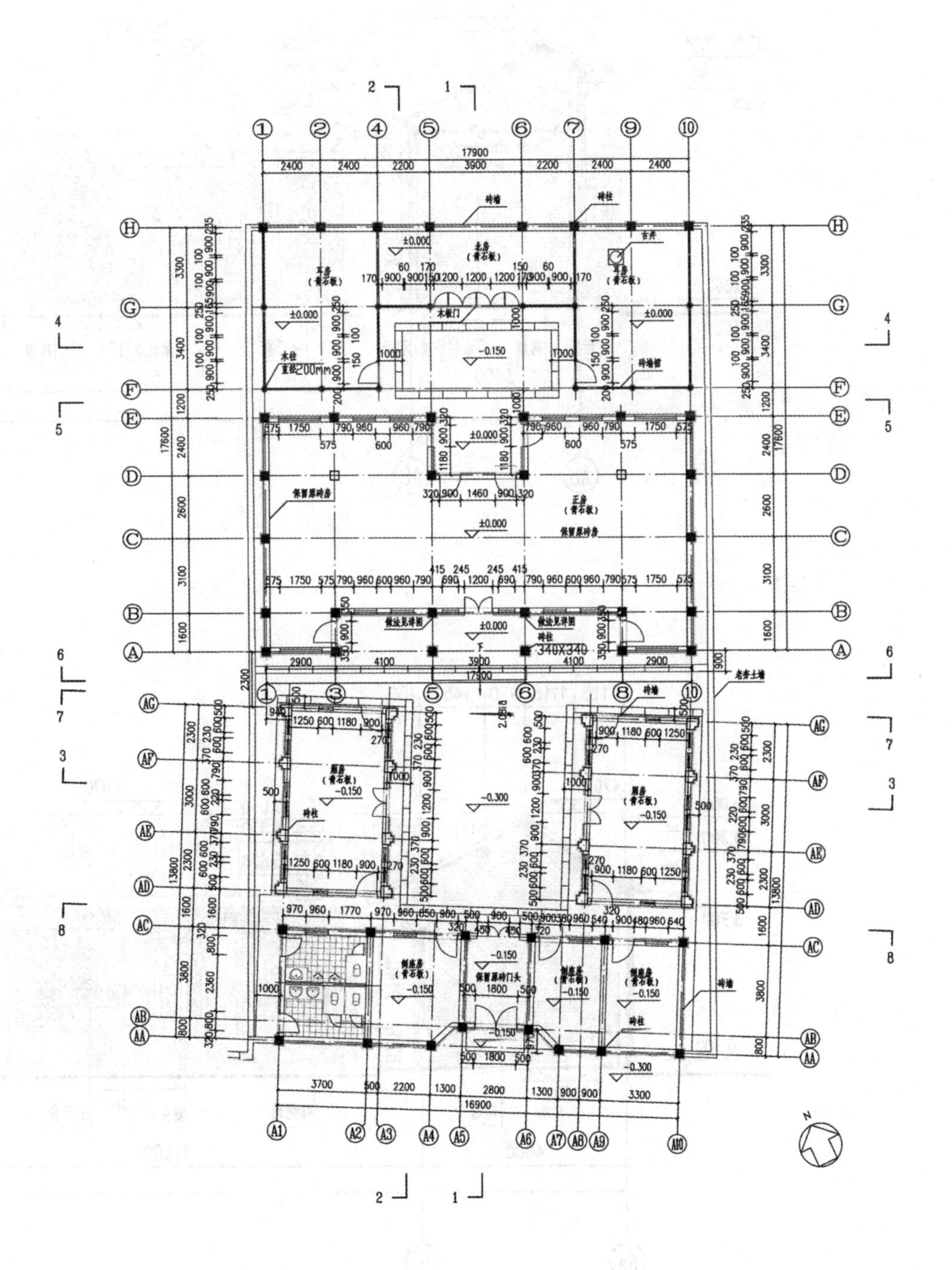
砖墙
砖柱
古井
耳房
（青石板）
北房
（青石板）
±0.000
木板门
-0.150
木柱
直径200mm
砖墙檐
保留原砖房
正房
（青石板）
做法见详图
340X340
老房土墙
厢房
（青石板）
-0.300
倒座房
（青石板）
保留原砖门头
17900
16900

一层平面图

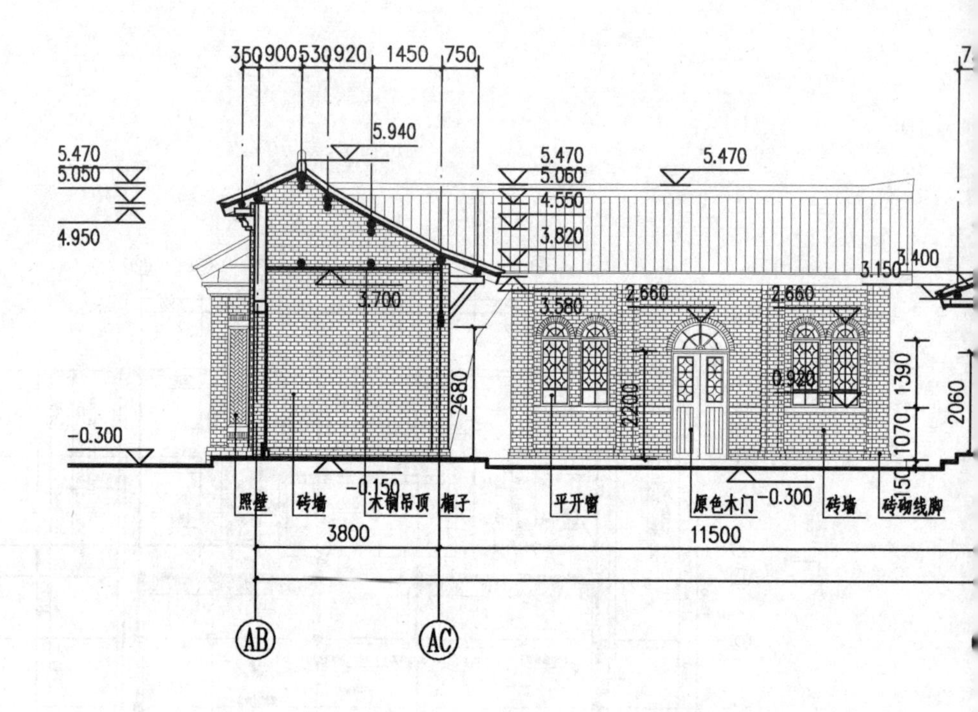

350
900
530
920
1450
750
5.940
5.470
5.050
4.950
5.470
5.060
4.550
3.820
5.470
3.400
3.150
3.700
3.580
2.660
2.660
2680
2200
0.920
1390
1070
2060
150
-0.300
-0.150
-0.300
照壁
砖墙
木制吊顶
棚子
平开窗
原色木门
砖墙
砖砌线脚
3800
11500
AB
AC

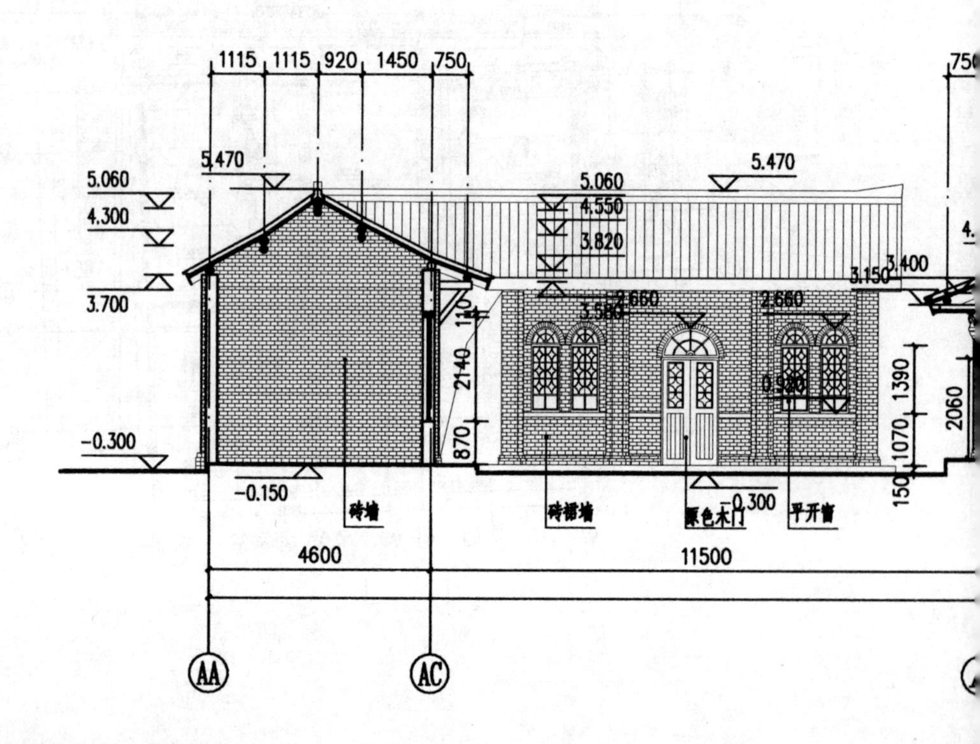

1115
1115
920
1450
750
5.470
5.060
4.300
3.700
5.060
4.550
3.820
5.470
3.400
3.150
2.660
3.580
2.660
110
2140
870
1390
0.920
1070
2060
150
-0.300
-0.150
-0.300
砖墙
砖裙墙
原色木门
平开窗
4600
11500
AA
AC

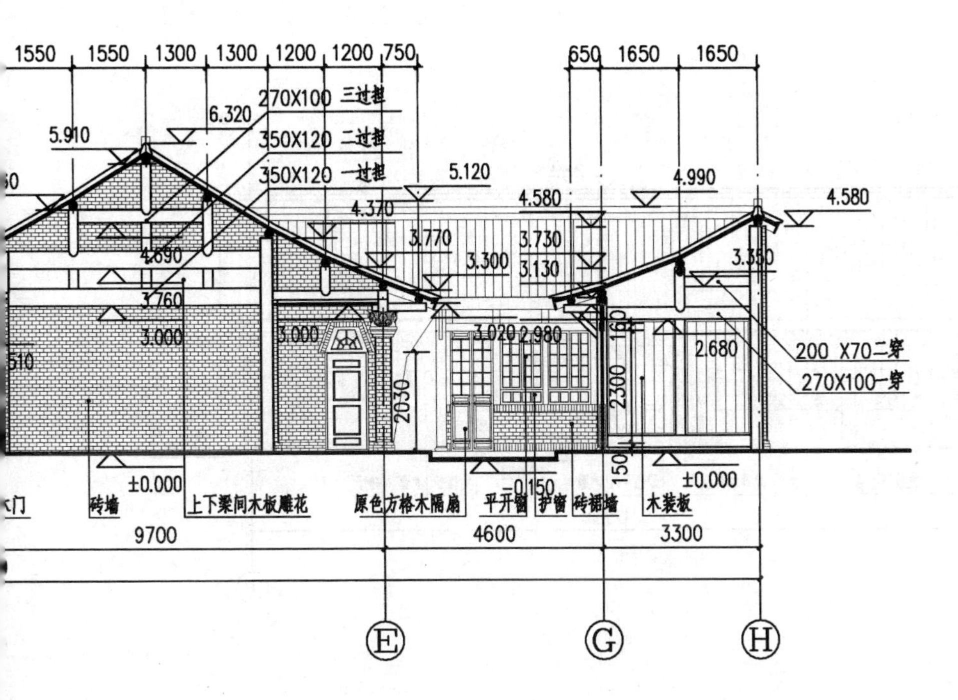
1550
1550
1300
1300
1200
1200
750
650
1650
1650
270X100 三过担
6.320
350X120 二过担
5.910
350X120 一过担
5.120
4.990
4.580
4.580
4.370
3.770
3.730
3.300
3.130
3.350
4.690
3.760
3.000
3.000
3.020
2.980
160
2.680
200 X70二穿
270X100一穿
2030
2300
150
±0.000
-0.150
±0.000
砖墙
上下梁间木板雕花
原色方格木隔扇
平开窗
护窗
砖裙墙
木装板
9700
4600
3300
E
G
H
1-1 剖面图

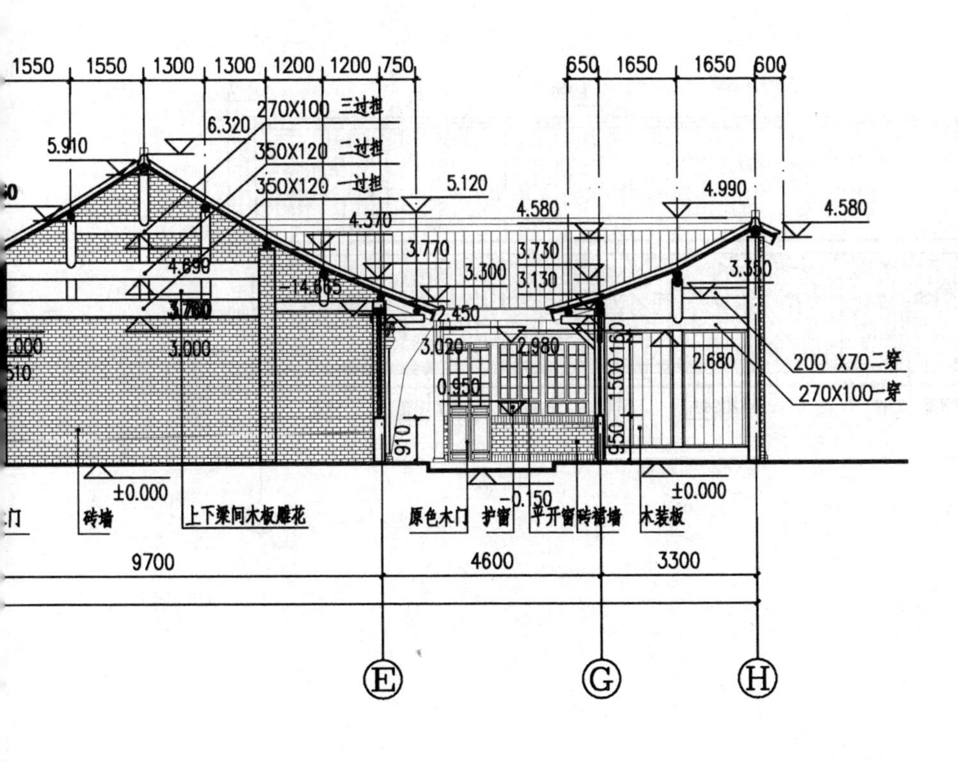
1550
1550
1300
1300
1200
1200
750
650
1650
1650
600
270X100 三过担
6.320
350X120 二过担
5.910
350X120 一过担
5.120
4.990
4.580
4.580
4.370
3.770
3.730
3.300
3.130
3.350
4.690
-14.665
3.760
3.000
2.450
3.020
2.980
160
2.680
200 X70二穿
1500
0.950
270X100一穿
910
950
±0.000
-0.150
±0.000
砖墙
上下梁间木板雕花
原色木门
护窗
平开窗
砖裙墙
木装板
9700
4600
3300
E
G
H
2-2 剖面图

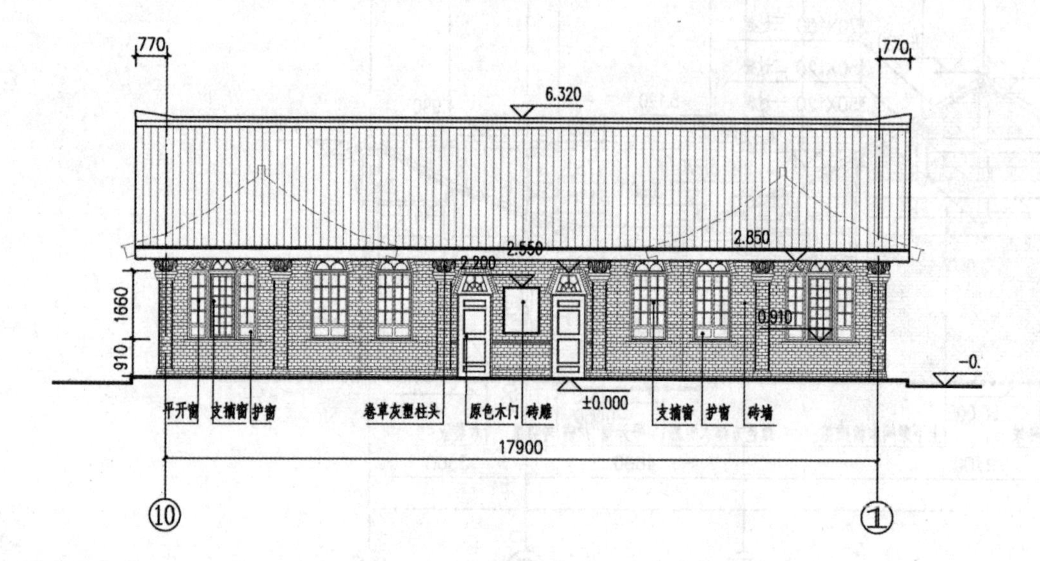
770
770
6.320
2.550
2.200
2.850
1660
910
0.910
平开窗
支摘窗
护窗
卷草灰塑柱头
原色木门
砖雕
±0.000
支摘窗
护窗
砖墙
17900
⑩
①

5-5 剖面图

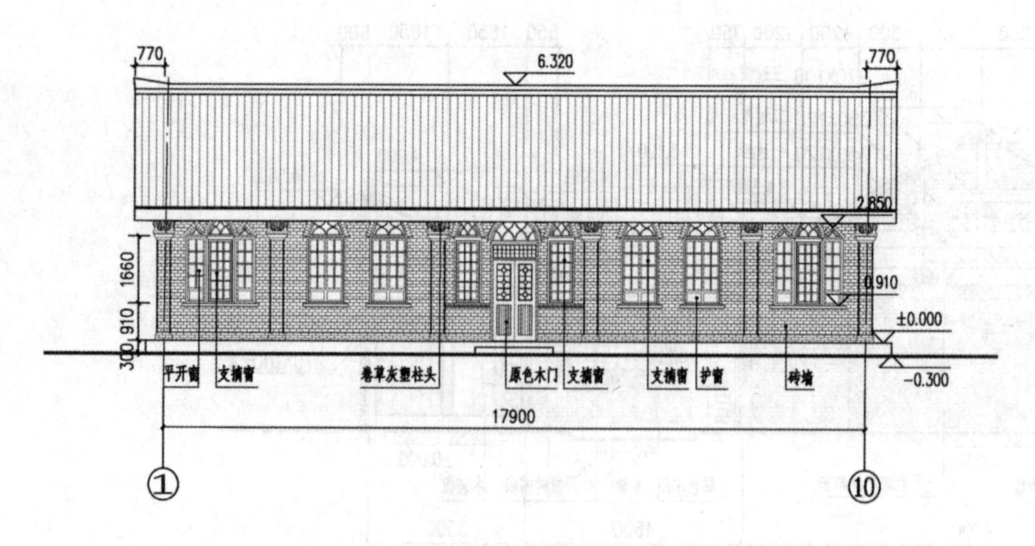
770
770
6.320
2.850
1660
910
300
0.910
±0.000
-0.300
平开窗
支摘窗
卷草灰塑柱头
原色木门
支摘窗
支摘窗
护窗
砖墙
17900
①
⑩

6-6 剖面图

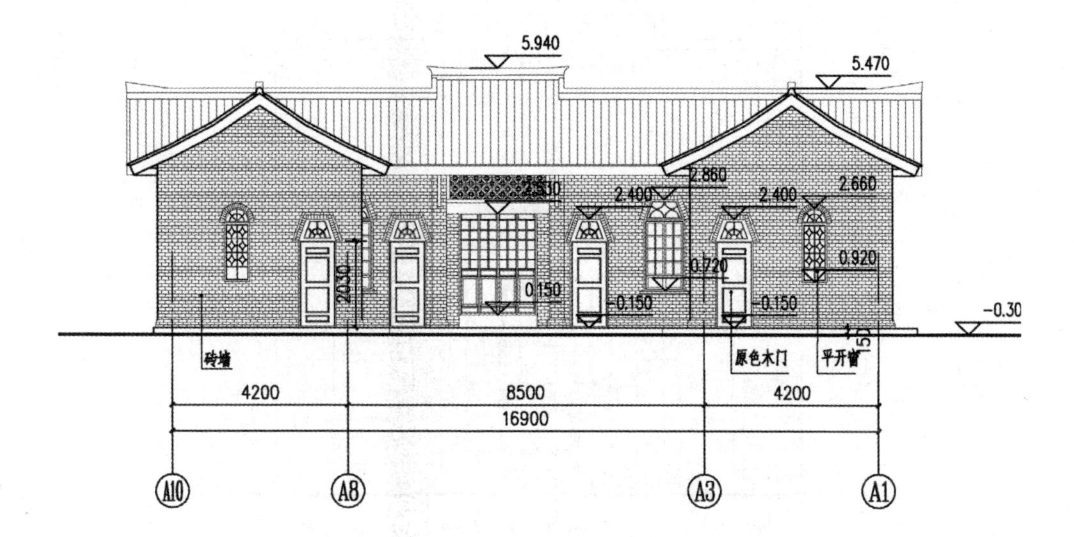
5.940
5.470
2.860
2.400
2.400
2.660
2030
0.720
0.920
0.150
-0.150
-0.150
-0.30
砖墙
原色木门
平开窗
4200
8500
4200
16900
A10
A8
A3
A1

7-7 剖面图

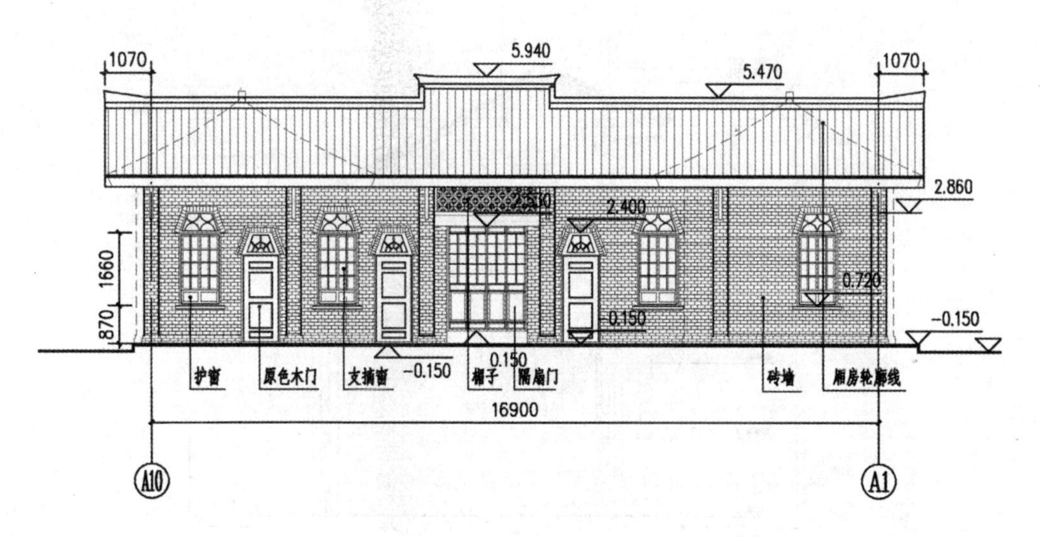
1070
5.940
5.470
1070
2.860
2.400
1660
870
0.720
-0.150
-0.150
0.150
-0.150
护窗
原色木门
支摘窗
隔扇门
砖墙
厢房轮廓线
16900
A10
A1

8-8 剖面图

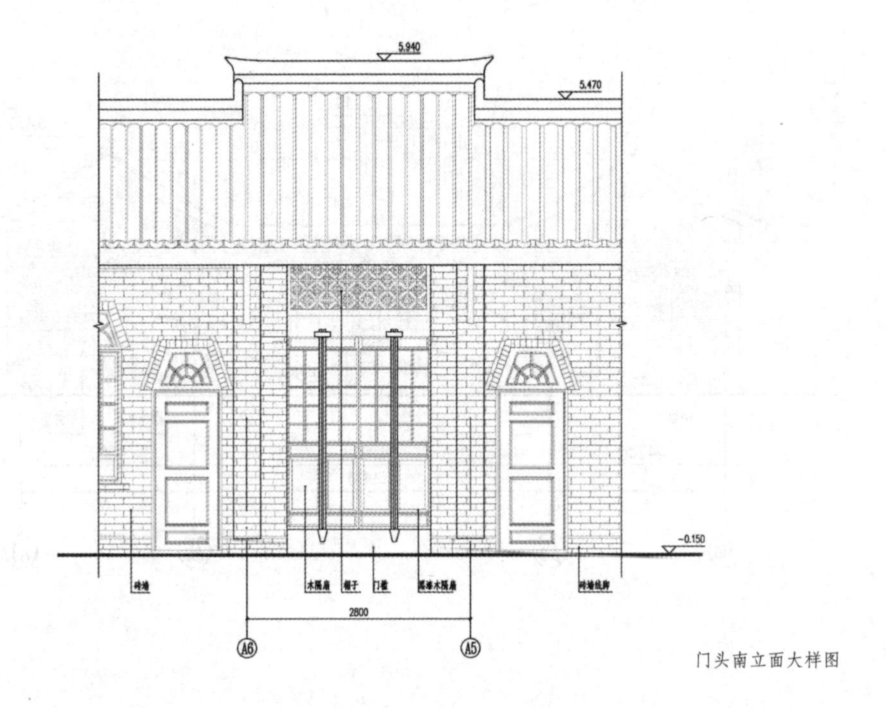

门头南立面大样图

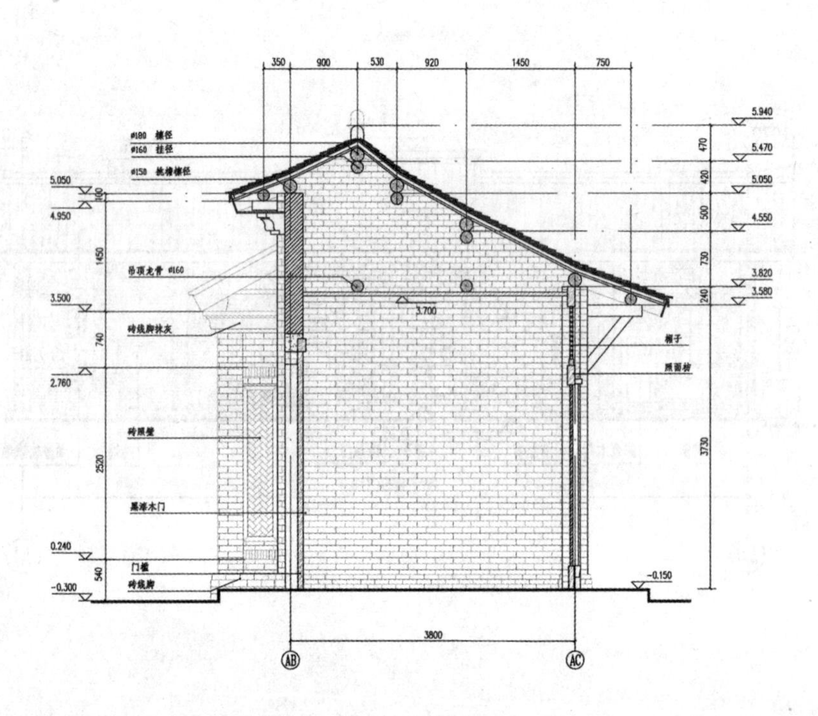

门头剖面大样图

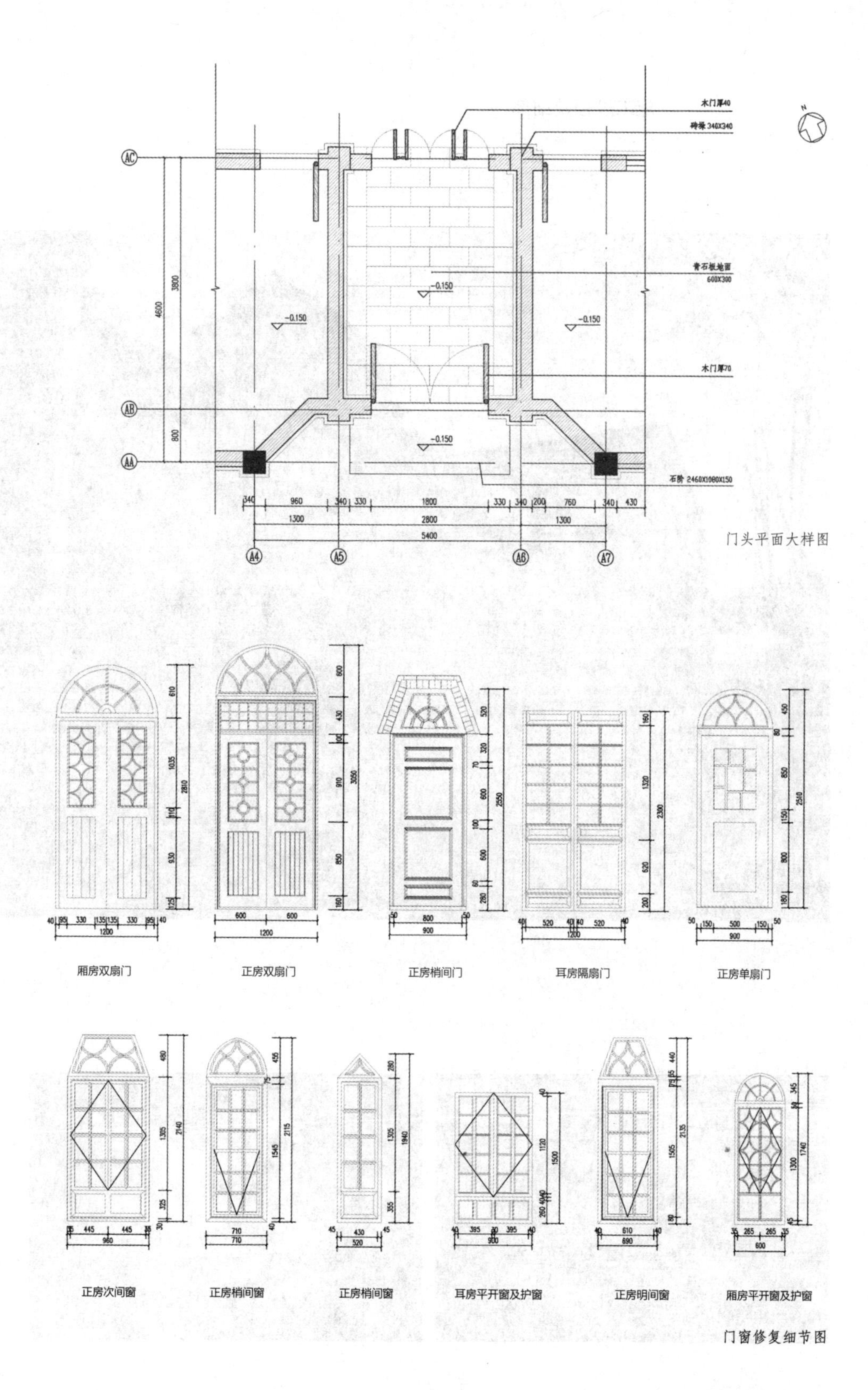

门头平面大样图

门窗修复细节图

施工过程及细部

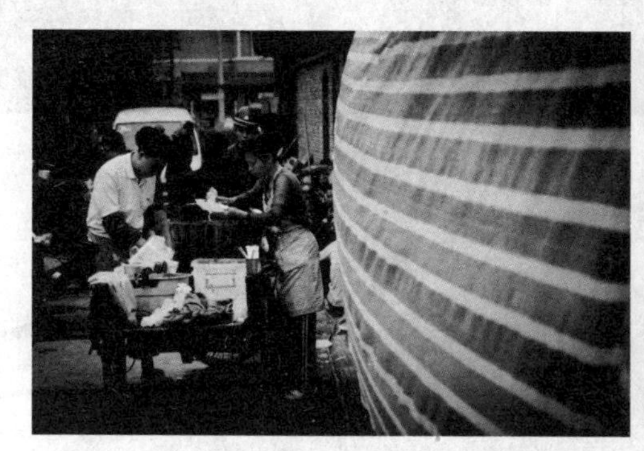

严禁酒
后作业

案例 2 / CASE 2

广州上下九商业步行街规划工程

广州的怀旧在西关，西关的记忆在上下九——

设计公司

- 广州市思哲设计院有限公司

设计师

- 罗思敏

项目地点

- 广州市荔湾区上九路、下九路

上下九路，西起恩宁路尾，东至人民路。经国家商业部批准授名——“广州商业步行街”，于 1995 年 9 月始，上下九路正式改造成为广州市第一条商业步行街。

正露丸
唐韵·轩
TANG YUN XUAN

〔简述〕

1998年，广州市政府开始实施“一年一小变”工程和提出建设广州市城市标志性工程的任务。上下九商业步行街就是其中最重要的一个项目。广州市思哲设计院有限公司在同年11月开始了对步行街的整饰工程设计，将步行街的整饰建设定位为“保留广州20至30年代的建筑模式”，并按“修旧如旧”的原则，以荔湾特色和原建筑为主，寻找出有代表性的建筑语言进行移植和整饰加工，重现一幅独特的、绚丽多姿的西关风情画。

整饰后，步行街连贯广州市荔湾区（俗称西关）的上九路、下九路、第十甫路，全长约1218m，共有各类商业店铺300多家，日客流量最高峰曾达60万人次。

上下九商业步行街作为目前广州市三大传统繁荣商业中心之一，蜚声海内外。

广东旅游局发布的一份资料中说：“商业骑楼建筑最早见于2000多年前的古希腊，后来才流行于欧洲，近代才传至世界各地。”

建造骑楼型建筑物需要楼与楼之间“连体”，从外观看似乎过于刻板、狭窄，用现代建筑师们的话来说就是“没有了空间”和“没有了个性化”。而正因为骑楼的“连体”，才形成其独特的个性，才形成了某些都市独特的风景线。如世界著名的水城——威尼斯，就是因为它把一座座骑楼建筑建在水面上，才展示了这座城市在世界上独一无二的魅力，从而成为一个久负盛名的旅游胜地。

威尼斯的PLAZZA FERRETTO骑楼广场

骑楼是一种商住建筑，骑楼这个名字描述的是它沿街部分的建筑形态。它的沿街部分二层以上出挑至街道红线处，用立柱支撑，形成内部的人行道，立面形态上建筑骑跨人行道，因而取名骑楼。骑楼非常适宜于太阳曝晒或阴雨绵绵的天气。不管太阳多么曝烈，雷雨多么疯狂，只要行走在骑楼区，就不怕太阳晒着，也不用担心会被暴雨淋湿，骑楼也因此深得人心。

如今的建筑设计师喜欢标新立异，设计“个性化”建筑，美其名曰“现代建筑艺术”，并预留一片空置的广场，意图增聚人气。殊不知这样的“广场”设计并不适合所有的地区，特别是一些夏季比较炎热、雨季比较多雨，或者是天气变化比较无常的地区。

有城市问题专家认为：一座现代化城市的建筑物应该是适应或尽量减低当地气候及地理环境对人们生活造成困扰的因素，这些建筑物才算得上是优秀的城市现代化建筑，否则大厦外观再美丽，也不过是建筑师们扔在路边的装饰品，是一种新型的“城市垃圾”而已。

威尼斯的 PLAZZA FERRETTO 骑楼广场

瑞士伯尼尔老街

澳门骑楼街

澳门和广州同样受到季风气候的影响，虽然各大酒店林立，但是澳门的骑楼并没有被现代化高楼所取代。相反，兼具了城市功能的建筑物更显出人性化特点，骑楼恰到好处地减低了恶劣气候环境对人们日常生活造成的困扰。

我们非常赞成一个观点：一座现代化城市的建筑设计者首先应该考虑自己的规划是否适合当地的气候、地理环境，是否兼容了城市功能，而决非盲目照搬所谓的“现代建筑艺术”及“个性化”。只有兼容了城市功

澳门骑楼街

能并有别于其他城市建筑风格的“个性化”的城市建筑才会给这座城市带来永恒的魅力，才会给这座城市带来蓬勃的商机，这样的城市才是富有活力、适宜人居住的现代化大都市。

新中国未成立前，广东有不少居民出国淘金，这些华侨回国后大兴土木。因此，广东民居除了有中国原有的建筑风格外，还汇集了外国建筑形式和构件。中西方的文化气息融合在一起。五邑碉楼、客家的围屋、西关大屋、东山洋房、赤坎骑楼群、潮州九宫格等建筑充分体现了这一特点。

广东地区最著名的骑楼群当属开平赤坎，赤坎这些规模连片的骑楼和一座座中西合璧的骑楼门面共有600多座，延绵3公里，是上世纪初建成的最具代表性的岭南旧城，建筑风格有哥特式、古罗马券廊式、巴洛克式、伊斯兰式和中国传统式。如今这里的骑楼一条街已经打造为赤坎影视城。

赤坎骑楼

广州骑楼

根据我们搜索到的资料显示，广州骑楼的来源，目前比较流行两种看法：

第一种，广州是近代中国受欧风美雨影响的重要城市，至今粤语中很多词汇来自英语的译音。欧风美雨对广州的影响，在建筑上体现得也很鲜明，如广州石室圣心大教堂一类的宗教建筑；如广州邮务管理局大楼、粤海关大楼、市府大楼、省财政厅大楼、省总工会大楼一类的公共建筑；如西关大屋、竹筒屋以及东山花园洋房、小洋楼一类的住宅民居建筑；如中山纪念堂、海员亭一类的纪念性建筑；还有如爱群大厦、南方大厦、市银行大楼、省银行大楼、新亚大酒店等商业建筑。

第二种，骑楼是越族先民“干栏”建筑的遗韵。《博物志》里说：“南越巢居”。《南越志》说：“南越栅居。”所谓“巢居”和“栅居”，就是广州博物馆展出的“干栏”。广州社会科学院的周翠玲教授介绍道：“干指上面，栏指房屋。建筑文化和生产力的发展水平密切相关。在史前时代，岭南的原始建筑经历了洞穴、半地穴到完全地面式的发展过程。广州博物馆展出的汉墓出土遗物干栏，据考证是上屋住人，下面容纳家畜和杂物。这种干栏，特点是干爽、通风、避暑、防潮，适合岭南的亚热带气候和地理环境。”

骑楼细部

无论是“中西合璧”说，还是“继承传统”说，骑楼作为广州的一个符号，充分地体现了广州的商城特色，更见证了广州的现代化进程，在上海、武汉等城市，骑楼甚至成为“广东街”的标志。

广州骑楼的年龄，说来还没过百岁。根据周翠玲教授描述：“1918年，广州拆城墙、扩马路，开通了越秀北、人民路、盘福路、文明路、大德路等今天仍服务民生的主干道。当时为了充分运用马路空间，同时针对南方潮湿多雨、炎热高温的气候特征，便在马路两旁搭建起两三层的砖木混合结构的骑楼式楼房，就连现代化的建筑南方大厦、新大新公司等，也采用了这种骑楼式的建筑结构，一时风靡全城，形成了广州街景的主格局。”

当时，骑楼主要集中在中山路、解放路、人民南路等商业街道，以西濠口一带的骑楼最为壮观。这一带商业繁华，骑楼式建筑空间高敞，代表者有新亚酒店、新华酒店等。1934年建成的爱群大酒店，首层也是典型的骑楼形式。

早在16世纪20年代，上下九已成商业聚集区。明清时期，怀远驿建立，大观河开通，十三行成为中国对外贸易的重要口岸，周边商业活动兴盛。鸦片战争后，广州城的富商巨贾纷纷在西关择地兴建住宅，随之而来的是各式苏杭杂货店、洋货店以及茶楼食肆的开设。至晚清时期，这里已成为广州繁华的商业中心。清末民初，上九甫、下九甫、第十甫已有许多商人在此经商。1937年，十三行因火灾而烧毁，商业活动逐步转入上下九路。随着上下九路的商业气氛日益增旺，其周边亦衍生出多个与之相关的专业集市。直至今天，作为该区一个重要的商业网络，上下九仍是广州著名的商业地段。

在漫长的历史长河中，上下九荟萃了岭南建筑文化、岭南饮食文化和岭南民俗文化。

传统岭南建筑包括西关大屋、骑楼、竹筒屋等。上下九步行街的骑楼建筑连绵千米，既吸取了南欧建筑特色和中国北方满洲式装饰，又保留了

西关传统建筑风格。骑楼适应南方炎热多雨气候，可供商户、顾客在任何天气的环境下进行商业活动，是一条实用又美观的建筑长廊。

步行街内大小食肆数十家，既有百年老店“陶陶居”，也有国家特级酒家“广州酒家”，还聚集了一批经营西关名小食的特色小食店，“莲香楼”“陶陶居”“趣香饼家”等著名传统饼店也尽聚其中，充分体现出“食在广州，味在西关”的饮食文化风情。“陶陶居”是粤剧艺人的聚所，曾以“西关古（故事）坛”“霜华小苑书画展”驰名，群众自娱自乐的粤曲《私伙局》，也颇有名气。十甫书店的“荔湾雅苑书画展销厅”、上演粤剧的“平安戏院”，更是这条步行街上的文化小绿洲。

鸟飞兔走，日月如梭。随着时代的变迁，峥嵘一时的上下九也不可避免地露出老态龙钟的一面。

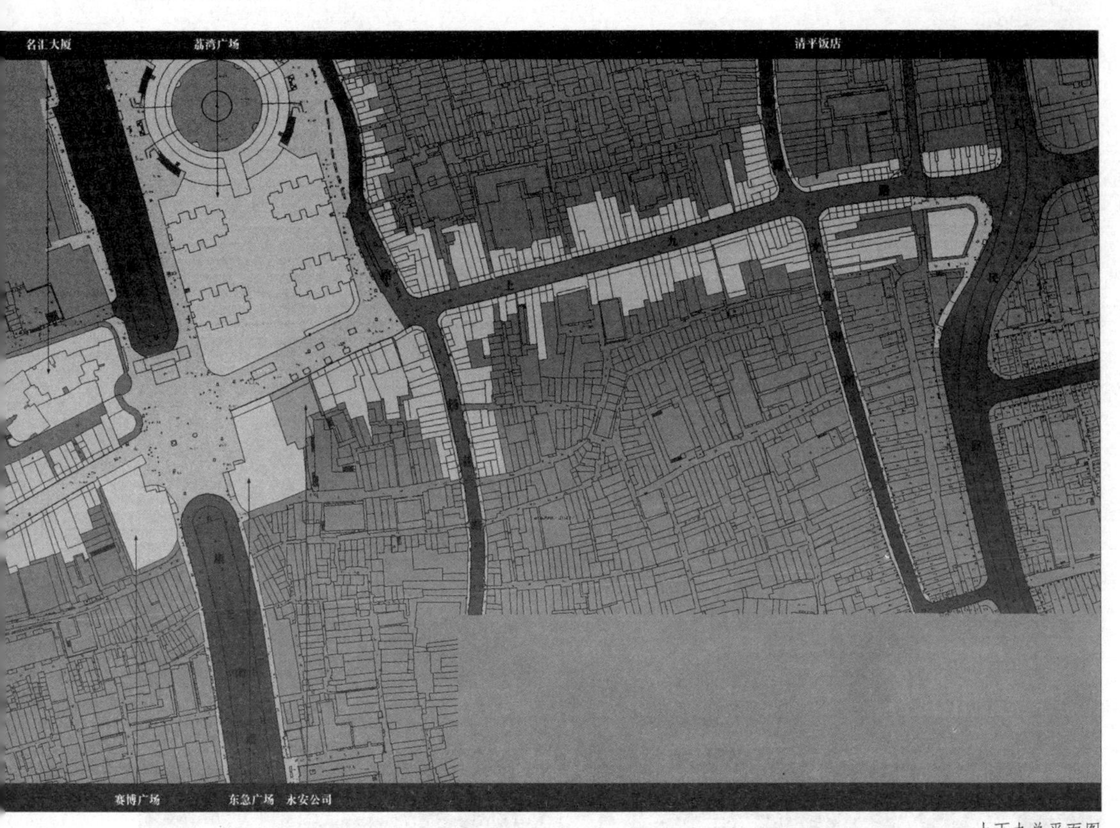

上下九总平面图

莲香楼
莲香楼

若你是 2000 年之后才第一次踏足上下九商业步行街的，你根本无法想象出它前身的模样。20 世纪 80 年代时，这里的骑楼是断断续续的，巷子也是断开的，临街不全是商铺，有不少是住宅。骑楼柱子都比较幼细，不像现在这么粗壮，沥青铺出来的马路车来车往……

更不为人知的是，这条中外驰名的骑楼步行街当初差点被夷为平地。上下九在原先的交通规划中被定位为交通次干道，被计划拓宽，控制红线宽度为 30m，而现状道路仅 18m。如果上下九一定要承担交通功能，沿街骑楼必然被拆除。如果骑楼街不保，那么现在整条街都会变成“荔湾广场”。由于各种原因骑楼街被保护下来了，上下九才有机会于 2000 年被列入广州首批历史文化保护区，从而以现在的面貌迎八方来客。

上下九整改前旧貌

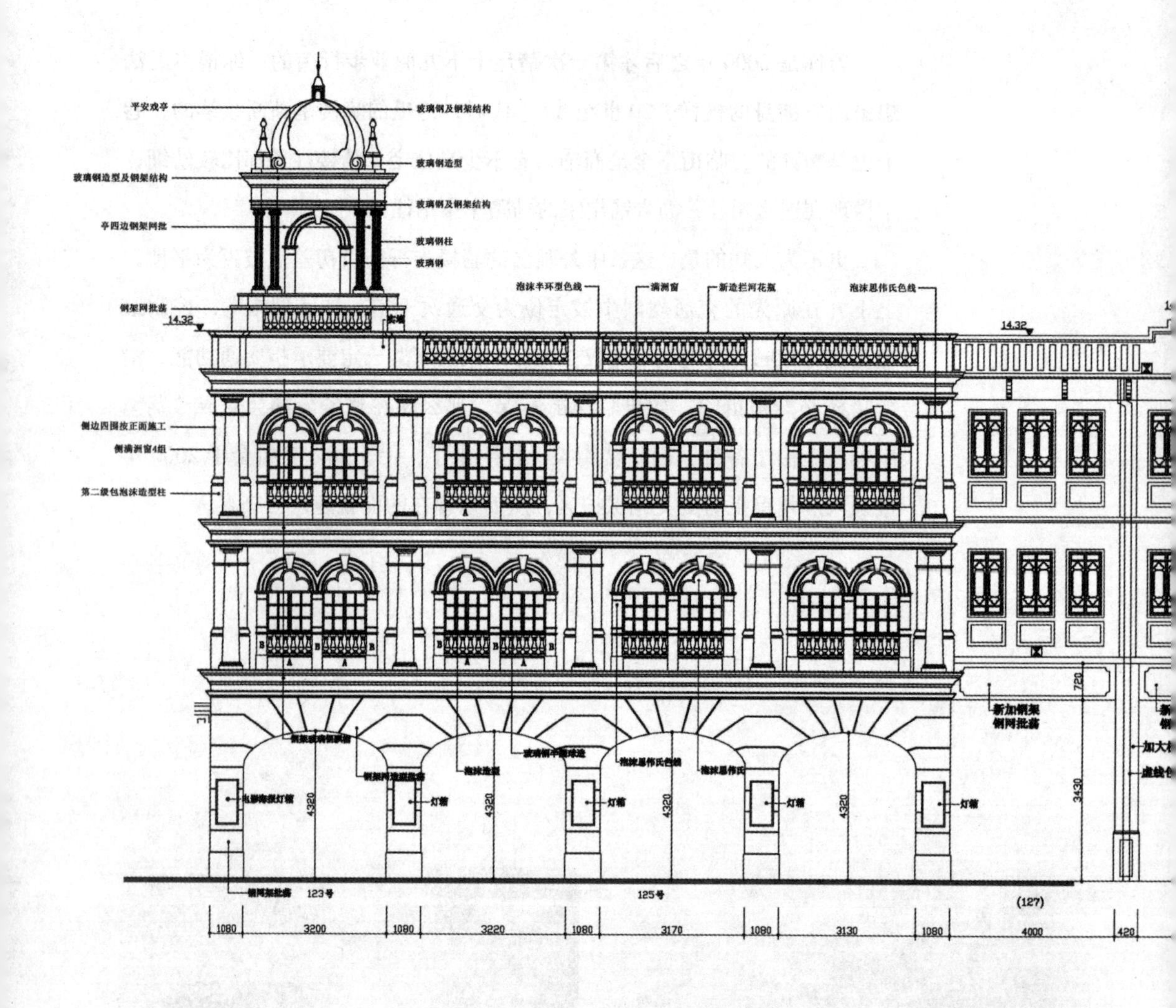

【上下九商业步行街的整体规划设计】

由于城市的盲目发展，上下九的骑楼建筑很多已经面目全非。大量的山花、梁托、饰线、窗子等建筑细节已经被破坏，外廊柱子由于后期的加固变得粗笨且比例失调，很多建筑的外墙更被换上玻璃幕墙以及大广告牌。

如何定位上下九的骑楼街以及如何恢复原有骑楼的风貌成了设计的焦点和难点。如何处理保护与开发、恢复与重构历史与现代的关系，并在

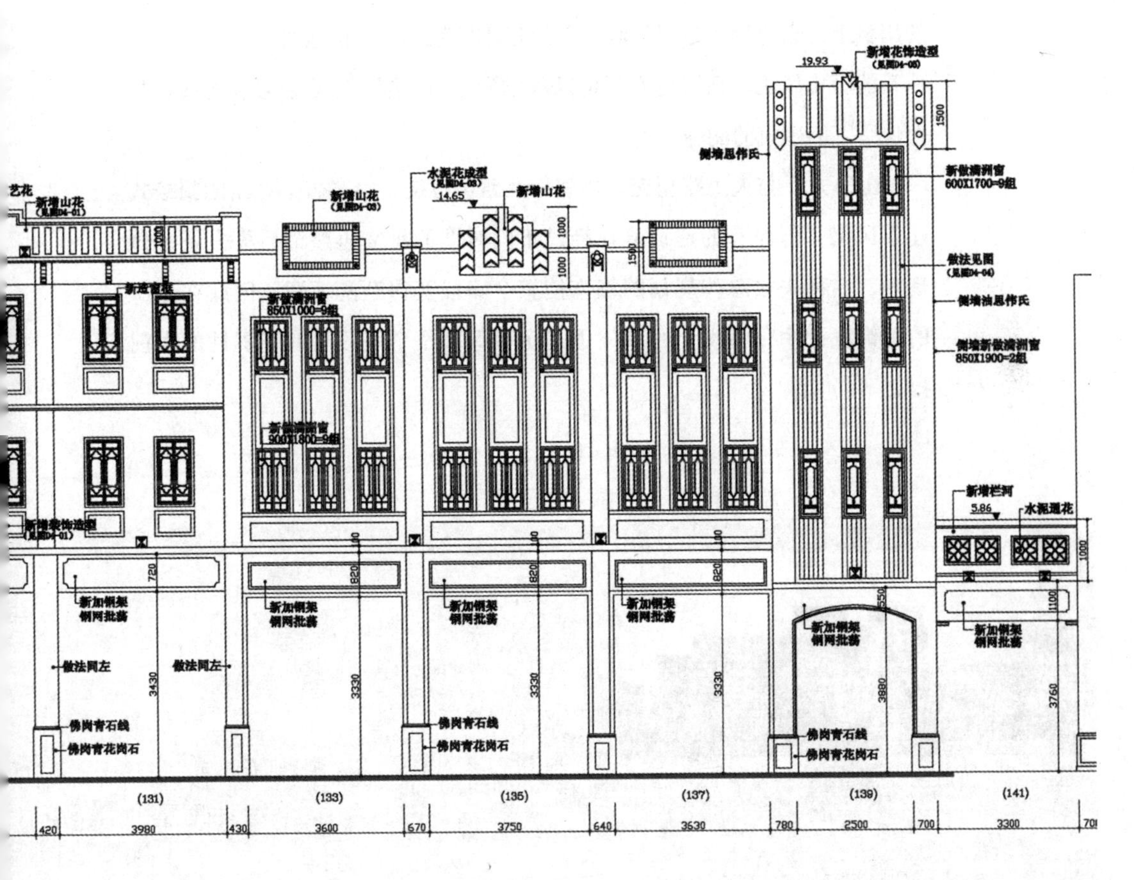

十甫路修复立面图

保护、改造、开发之间取得平衡，获得多赢，则是政府、经营者以及设计师要面对的课题。设计师搜集了世界各地大量关于骑楼的资料，并从其建筑形态、尺度、建筑元素、材料、门窗、色彩等方方面面进行分析，通过与老建筑师及各方专家的多次论证，遵循威尼斯宪章的精神，按照修旧如旧的方法，用上下九的老照片及其他路段的骑楼建筑元素进行重新构建，力求恢复其原貌。

经过不同历史时期的修整与维护，旧建筑物已被贴上条形砖、纸皮石等各种各样的材料，甚至连洗石米都是后来再加上去的。在这次整饰外墙的用材上，选择瑞士进口涂料，并通过不同粗细质感的表现手法，来重现建筑的历史风貌。在用色方面是以灰色为基调，配合其它色彩和青砖，尽力保留了旧建筑的韵味。

上下九，与人民路相交，接邻下九路步行街，沿袭着下九路的骑楼式建筑风格，但原有的建筑群在经过不同时期的反复再整饰后失去了总体规划，这种失去总体规划的整饰使整个路段变得杂乱无章，因此在这次的整饰设计中，将设计的总体思路定在保持整个路段具有连贯性的大前提之下。

上下九 63-81 建筑原貌

骑楼，这种实用且亲切的建筑风格曾风靡一时，也曾经被一栋栋高耸入云的现代化玻璃大楼所取代，更曾经因被认为不适应现代商业化社会发展需求而被建筑师所遗弃。现在，我们传承先人的智慧，重新发挥骑楼的优点，重现岭南城市风采。

建筑色彩方面，除了水刷石、青砖外墙以及部分石材采用冷灰色调，其它基本上采用冷暖灰搭配，避免使用饱和度高的色彩，使整体色调偏古朴沉稳，呈现古旧的味道，同时又通过色彩丰富的招牌、灯箱及橱窗，来体现繁华的商业气息。

大量使用西方建筑语言及符号，是中国近代建筑的特点之一。通过立面的清理及修复，众多优秀的建筑被重新发现，散发出迷人的魅力。

上下九 63-81 建筑原貌

立面整饰设计方案

修复立面效果图

修复效果图

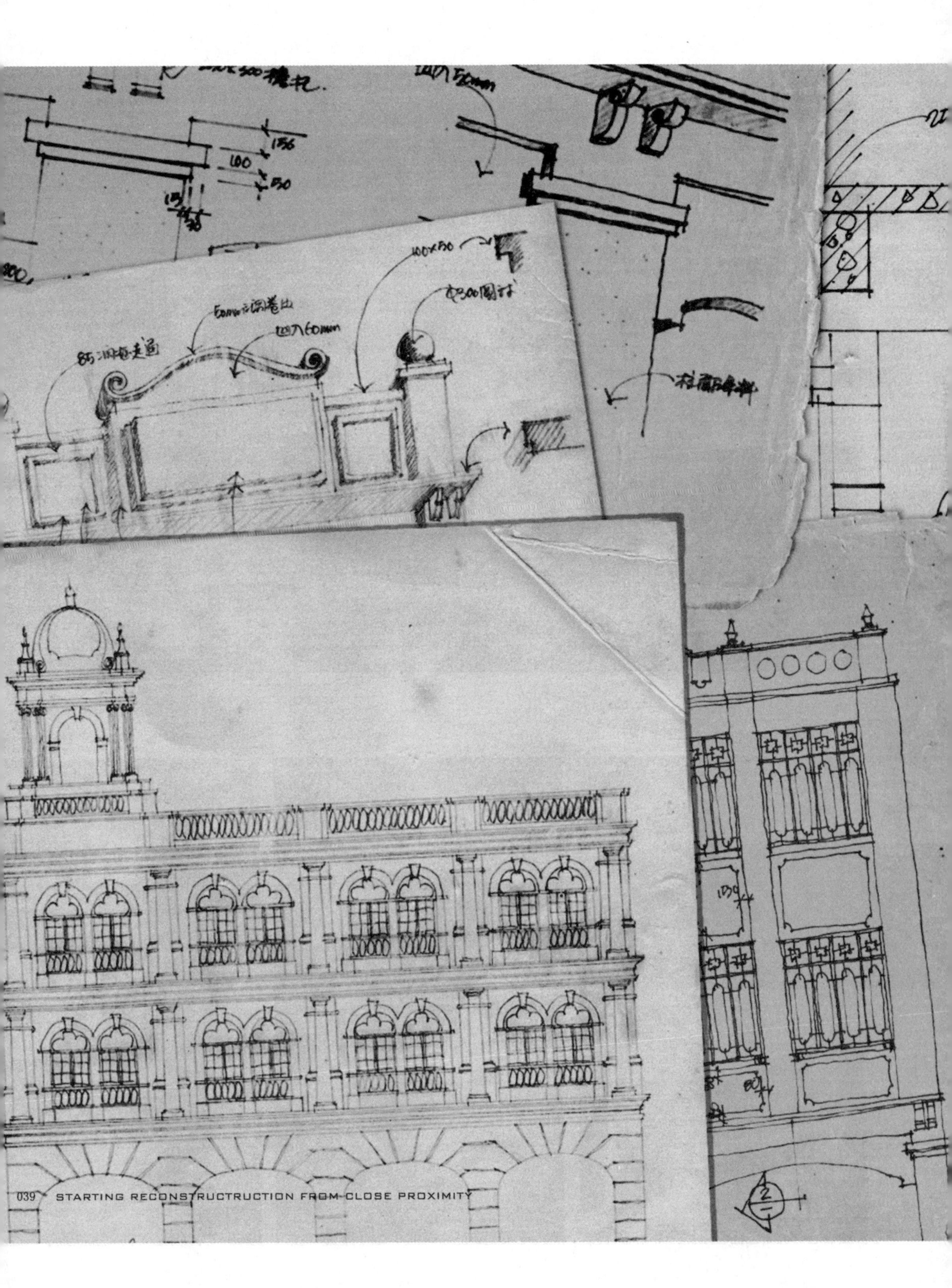
039 STARTING RECONSTRUCTRUCTION FROM CLOSE PROXIMITY

骑楼建筑立面多为三段式，从上到下分为楼顶、楼身、骑楼底三部分：楼顶有山花和女儿墙，是重点装饰部分，通常雕塑着各种西式图案或商铺商号；中部有西式窗套、中式窗、阳台；骑楼底有支撑柱装饰，构成骑楼建筑的特色。

经过全面的改造后，上下九步行街发生了极大的变化。步行街两旁的骑楼经过修整，不但焕发了青春，断断续续的地方也连贯起来了，大街小巷里的西关大屋和麻石街巷也依然存在。夜幕降临，灯光衬托下的上下九让人觉得尤其靓丽缤纷。

有人说，广州的怀旧在西关，西关的记忆在上下九。上下九步行街的发展历史，是广州商业发展的一部编年史；上下九步行街的西关风情，是整个西关民俗的缩影。无须时光倒流，我们同样可以追忆那些旧时的印记。

萨莉亚
意式餐厅

【上下九商业步行街的光亮改造工程】

广州是一个国际大都市。在社会不断发展、经济不断腾飞的趋势中，随着各种物质文化和精神文化的不断演变，现代都市的人们已经彻底改变了日出而作、日落而息的传统生活习惯。公共生活空间的扩大，生活内容的丰富，让更多的人在晚上离开工作场所，走出家门，去享受五彩斑斓的夜间生活。灯光不仅仅在照明事物、方便出行等方面发挥作用，更成为了城市景观和城市形象的一个重要组成部分。如何营造一个有特色的商业街夜景照明非常重要。由灯与影的组合塑造出的都市靓丽的夜景，既是一种美好的视觉享受，也是一种极具魅力和亲和力的活动氛围。

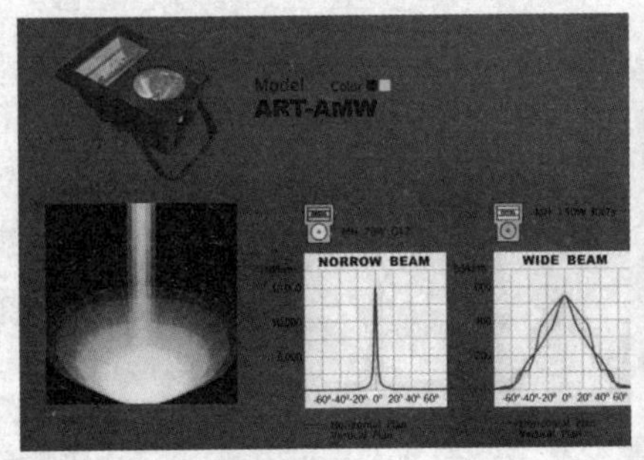

灯具展示

灯具详情表

图例	灯具名称	灯具图片	灯具防护等级	
—	线型灯		IP65	
▭	对称投光灯		IP65	
▭	混光灯		IP65	

邻近色 Similar color

色带上相邻近的颜色，例如绿和蓝，红和黄，易于达到和谐统一。

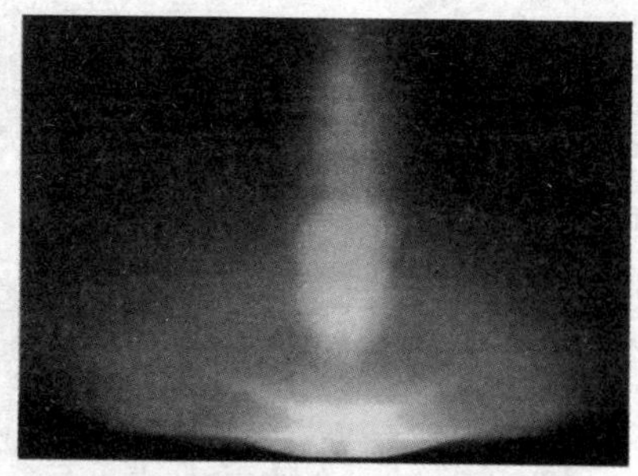

对比色 Contrasting color

突出重点，产生强烈的视觉效果，通过合理的使用对比色，使特色鲜明、重点突出。

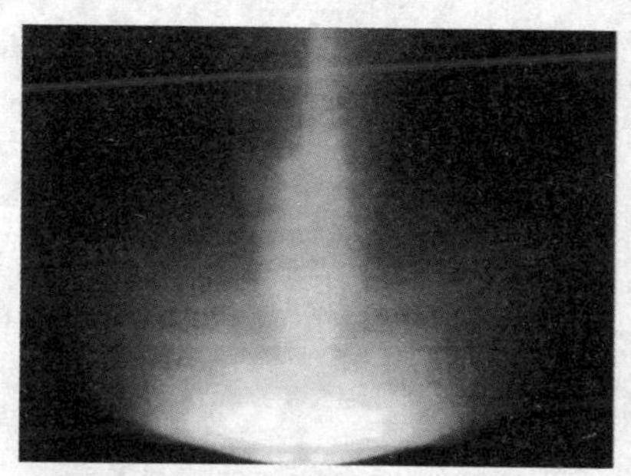

中性色 Neuter color

通过中性的白与其他各种颜色对比，获得比较柔和的效果，很好地还原建筑原有的色彩。

单色 Console color

特殊的配光效果的艺术系列，即使是单一的色彩，也别具一格。

灯具材料及规格	光源类型	输入功率	光源色温	光源颜色	光源规格
高压合金铝，3mm 强化安全玻璃，欧洲 0.4mm 阳极铝反光板	—	9×10W	2900K	浅黄色	10W
高压铸铝灯体，4~5mm 强化安全玻璃，阳极铝反光板	金属卤素	50W	6000K	白色	—
高压铸铝灯体，5mm 强化安全玻璃	—	—	—	—	—

各式各样的灯光主题，营造出不同的气氛和意境：风雅的《西关小姐》、怀旧的《黄包车》、灵动的《门前倩影》、古朴的《骑楼》、诱人的《泮塘五秀》、警醒的《戏无益》……一组组雕塑在流光溢彩中展示着“和平”“健康”“民俗”和“商贸”等主题，向世人现出一幕幕西关的古老风情，更使这条热闹的街道多了一份文化沉淀的韵味。

上下九的光亮改造工程，使这条古老而传统的街道焕发了新的活力。

红、橙、黄、绿、蓝、靛、紫，靓丽缤纷的色彩搭配向世人昭示着60年历史的平安大戏院已华丽转身，从当初单一的戏院转型成一所集演出、电影、卡拉OK、小卖部、粤剧会馆及服装商场等功能于一体的大型文化娱乐场所。

以暖黄光为主，局部配以白光色。这种光色的搭配不但温暖舒适，而且能够充分表现出济昌堂的时代感与沧桑感。

肃穆的老建筑、修旧如旧的外墙、形象各异的时尚灯箱招牌、冷白与暖黄呼应的灯光、川流不息的人影……真是景不醉人人自醉！

经过整饰改造，步行街修旧如旧，一幢幢骑楼屋顶上仍然保留着以前的商号：安乐堂、济昌堂、何安记……外立面上，有纯欧式巴洛克风格的装饰，也有中式仿古的设计，更多的是中西结合的样式，既保留了历史韵味，又延续了美好前景。华灯初上，流光溢彩的上下九更加迷人，熙熙攘攘的人群、热热闹闹的街道、拥拥挤挤的商铺更令这条步行街充满了活力。

一座没有历史沉淀的城市，容易让生活在城市里的人没有归属感；一条没有经济链条支撑的古旧老街，容易让存在于老街上的历史文化在经济发展浪潮中逐渐殒灭。“夕阳无限好，只是近黄昏”！历史文化能否与经济发展共荣共存？夕阳又能否与黄昏一起经久不衰？上下九商业步行街用成功改造的事实回答了这一问题。

案例 3 / CASE 3

广州荔枝湾及周边环境综合整治工程

古屋石桥倒映荔枝湾，碧水蜿蜒重回老西关——

设计公司

- 广州市城市规划勘测设计研究院、广州市思哲设计院有限公司

设计师

- 罗思敏

项目地点

- 广州市荔湾区，由龙津路、多宝路、荔枝湾组成的三角地块

严格来说，荔枝湾不是一条孤立的河流，而是原广州城西，现今的荔湾路、中山八路、黄沙大道（北段）、多宝路（西段）、龙津西路一带的江畔湿地中纵横交错的水系的总称。荔枝湾故道北至洗马涌，和象岗西面的芝兰湖（现广州市流花湖公园）相通，南至黄沙注入珠江，“广四十里，柔五十里”，是广州市历史衮久的风景名胜，素有“小秦淮”之称。

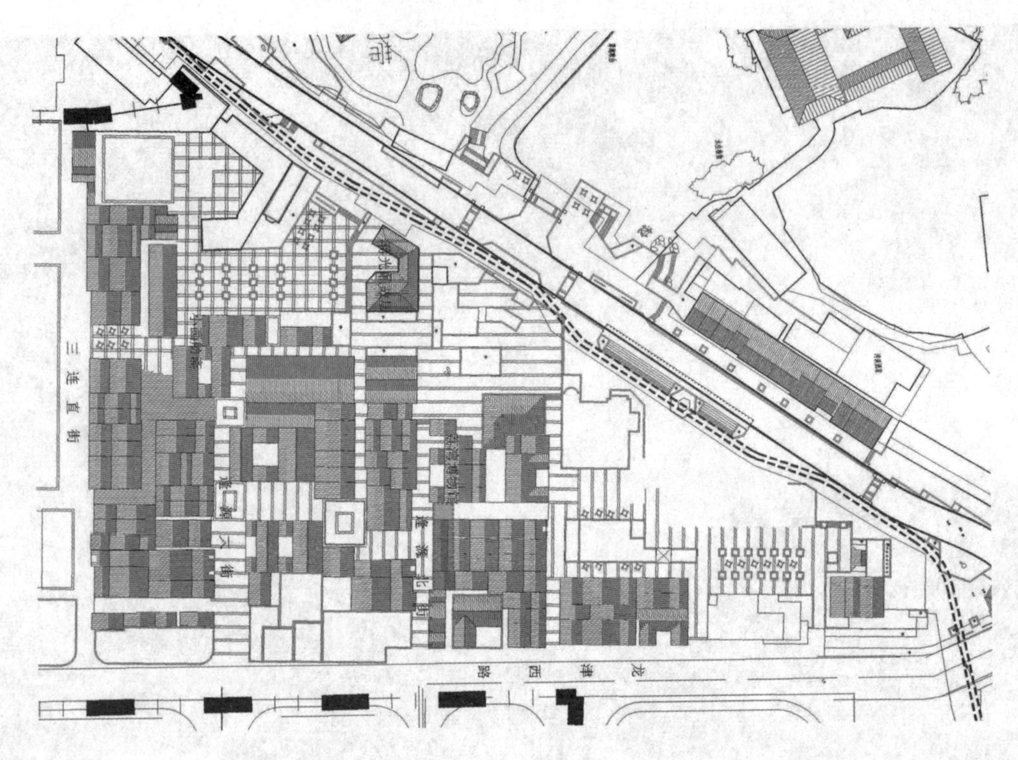

总平面图

[简述]

荔枝湾在历史的风雨中跋涉了千百年却依然存在，在荔湾湖公园内保留着一段长约 400m 的故道，两岸古树嵯峨，浓荫掩映，一派岭南独特的自然风光和历史风情，弥足珍贵。

西关大屋保护区南至三连直街，东至龙津西路，西至西关上支涌，北至逢源沙地一巷。清末至民国初年西关的传统民居建筑，从建筑的平面布局、立面构成、剖面到细部装饰等都有浓厚的广州地方特色和风格，其规模较大的建筑被称为“西关大屋”。一般每座大屋面积 400m^2，从入门起设有门厅、天井、轿房、神厅、内房、房厅，还有青云巷、挂廊、花局、庭院等布置，内部装饰多采用木刻的花眉、花罩、屏风和满洲花窗，门前

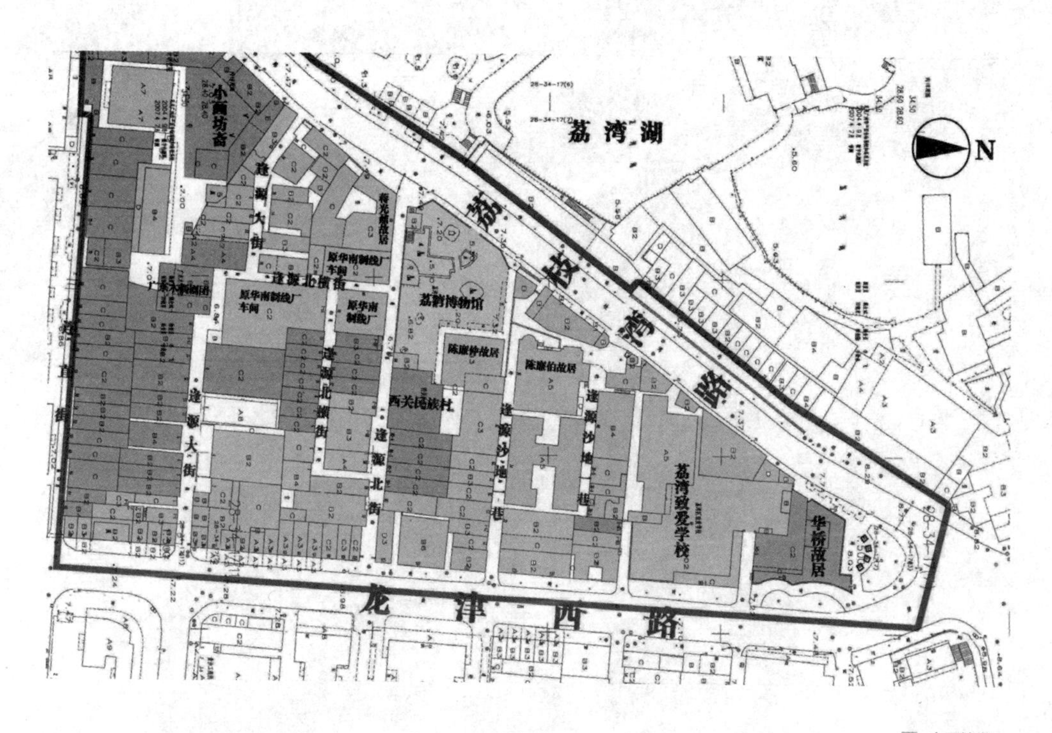

西关大屋保护区周边环境整治之【西园】民俗风情特色产业区规划方案

基地现状平面

■ 逢源沙地一巷入口被临铺拦断

■ 中式、西式、现状建筑分布

- 小画坊斋
- 荔湾博物馆
- 致爱学校
- 西式建筑
- 中式建筑
- 现代建筑
- 其他类别

基地现状平面

有水磨青砖石墙、矮脚门、趟栊门、回字门廊等。西关大屋平面布局狭长，独特的结构有利于形成穿堂风，故有冬暖夏凉的优点。

据悉，西关大屋过去多是豪门富商的住宅，高大明亮、厅堂结合、装饰精美。大屋两侧各有一条青云巷，取平步青云之意，这种巷又称冷巷、火巷、水巷等，有通风、防火、排水、采光、晒晾、交通、栽种花木等功能。西关古老大屋现存数量已从清末民初鼎盛时期的800多间变成不到100间，在西关大屋片区中漫步，仍可感受到当年西关富商的奢华。值得庆幸的是，当历史的一页掀至今天，这一片古老的建筑仍然存在。吊脚门、趟栊、大木门、青砖、麻石墙脚、瓦背顶，古典与厚重并存，这些西关大屋的元素让人流连忘返。

〔荔枝湾及其周边环境改造前的状况〕

荔枝湾得名于一条昔日流淌于龙津西路、逢源路和多宝路之间的荔枝湾涌。随城市的发展，它逐渐沦为臭涌，蚊蝇与臭气齐飞，黑水共污泥一色。十多年前，政府覆盖臭涌建成现在的荔湾路，后招商形成“古玩一条街”，荔枝湾涌从此默默埋在路面下成了暗渠。2009 年 6 月，荔湾区决定将荔湾路“揭盖复涌”，拆除西关古玩城，清拆沿涌两岸的临街商铺。

广东省
收藏家协会
古籍连环画专业委员会

〔荔枝湾及周边环境的整治工程方案〕

荔枝湾位于广州老城区西关的腹地，毗邻珠江，是西关五宝、粤剧曲艺等岭南文化的荟萃之地，广州的荔湾区就得名于此。荔枝湾就是其核心区的一脉河涌，有“小秦淮”和“岭南第一胜景”之誉。

随着城市发展，20世纪70年代，荔湾涌因为工业、生活污水的汇集变成了臭水沟，因而也逃脱不了掩盖成暗渠的命运。老广州人只有从荔枝湾路的名称上才依稀回忆起她昔日的旧貌。

荔枝湾的整治是全方位的：治污上，通过截污、清淤、引活水的形式与荔湾湖实现了内循环，保证了河道的水质；景观上，新建了4座古式桥，新增绿化面积1.7万平方米，原先开在荔湾路上的荔湾湖公园东门，也改成了河埠的形式；古迹保护上，以荔枝湾与西关大屋历史保护街区为核心建成岭南西关文化博览园。

除了揭盖复涌的荔湾涌外，在荔枝湾沿岸，梁家祠、文塔、陈廉伯陈廉仲公馆、蒋光鼐故居、小画舫斋等曾风光一时，后来却深藏于旧城中鲜为人知的历史古迹，也借亚运东风抖去蒙尘，昔日藏于高墙内的文塔更拆去围墙，重新展现在涌边。

广州新荔枝湾经过亚运整饰工程之后，重新打造出“一湾溪水绿，两岸荔枝红”的岭南水乡风情画！

荔枝湾整治工程采取建筑抽疏、拆违建绿、恢复河涌、调水补水、文塔广场整治恢复、建筑立面整饰与景观塑造等措施，规划打造“诗意广州”，重现岭南水乡风貌。

说起荔枝湾，最著名的旧建筑景点，就是有400多年历史的古塔——文塔了。文塔建于明末清初，是广州市区唯一的专门供奉文曲星的塔。在民间的传说中，文曲星手执一笔，掌司民间功名，谁被此笔点中，便可高中进士、举人等科举功名。人们通常取其寓意，把文塔建成似一支笔尖向上的形状，周边建水井寓意“墨水”，地上铺大石板寓意“纸”，另外还建池寓意为“砚台”。

荔枝灣
兩岸荔枝
灣澤水綠

荔枝湾一带不仅是岭南水乡风情的典型代表，更蕴藏了千年的西关文化精髓。这里不仅有荔枝湾涌、荔湾湖、仁威庙、文塔、荔湾博物馆、蒋光鼐故居、小画舫斋、海山仙馆、陈廉伯故居、梁家祠及西关大屋等历史遗迹，还是西关大屋、西关小姐、西关五宝、西关美食及粤剧曲艺等老广州文化符号的发祥地、集中地，别具浓厚的人文气息与高雅生活艺术气息，是广州城中最具风情的所在。

河涌边的西关民居经过一番整饰修缮，现代与古朴交集，一派浓郁的西关风情。

整治后的荔枝湾，不再是刚揭上盖时的恶臭熏街污水横流，展现我们面前的是一湾碧水，不但没有了异味，随风还能闻到一股清新的味道，荔枝湾重现岭南水乡特色的一涌两岸景观，正是：古屋石桥倒映荔枝湾，碧水蜿蜒重回老西关。

“一湾溪水绿，两岸荔枝红”。坐着篷船游荔枝湾，看两岸的西关传统民居和历史文化景点，听岸边的私伙局曲调悠扬，美哉也！沿着河涌走，有十三行博物馆、蒋光鼐故居、荔湾博物馆、小画舫斋等构成的岭南博物馆组群，此外，陈廉伯公馆、何香凝艺术中心、西关大屋区、文塔广场等也散发着浓浓的岭南气息。

案例 4 / CASE 4

金华鼓楼里创意园规划设计方案

遇见鼓楼里，邂逅老城心——

开发单位

- 金华太古嘉福置业有限公司

设计公司

- SURE Architecture

设计师

- 戴锦辉，Alina Valcarce, Carlos Martinez

项目地点

- 浙江金华

占地面积

- 18500m²

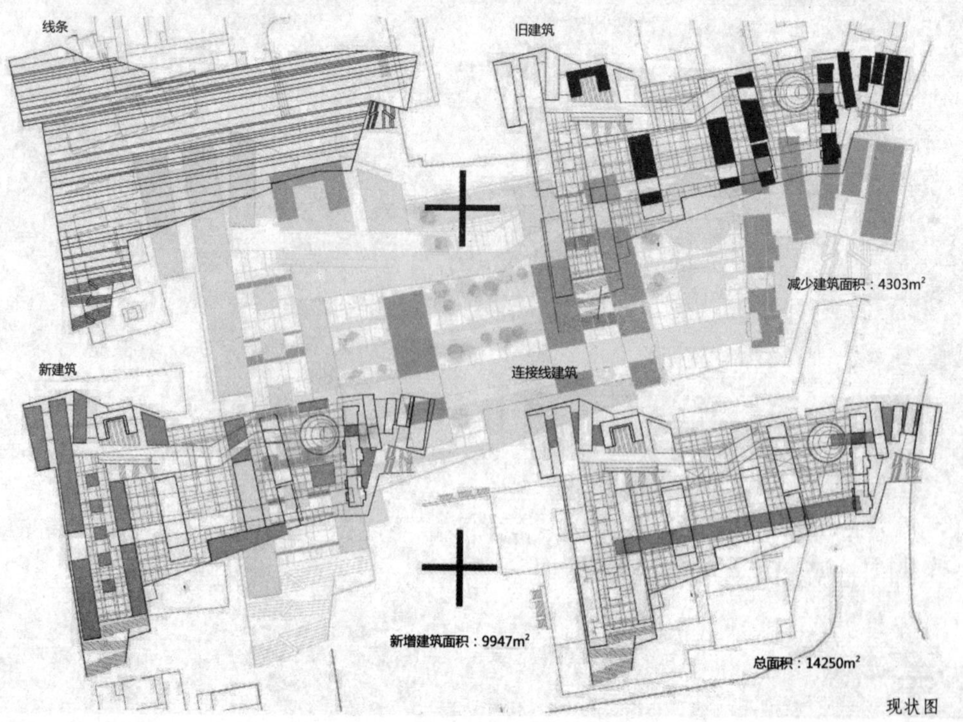

现状图

〔项目介绍〕

金华鼓楼里创意园是一个城市更新项目，将现代与传统文化融合在一起。商业区里不同的主题广场与不同的含义是这个可再生区的主要构思。五个不同元素主题的广场通过流线的连接，赋予全新的现代建筑以更多生命力。

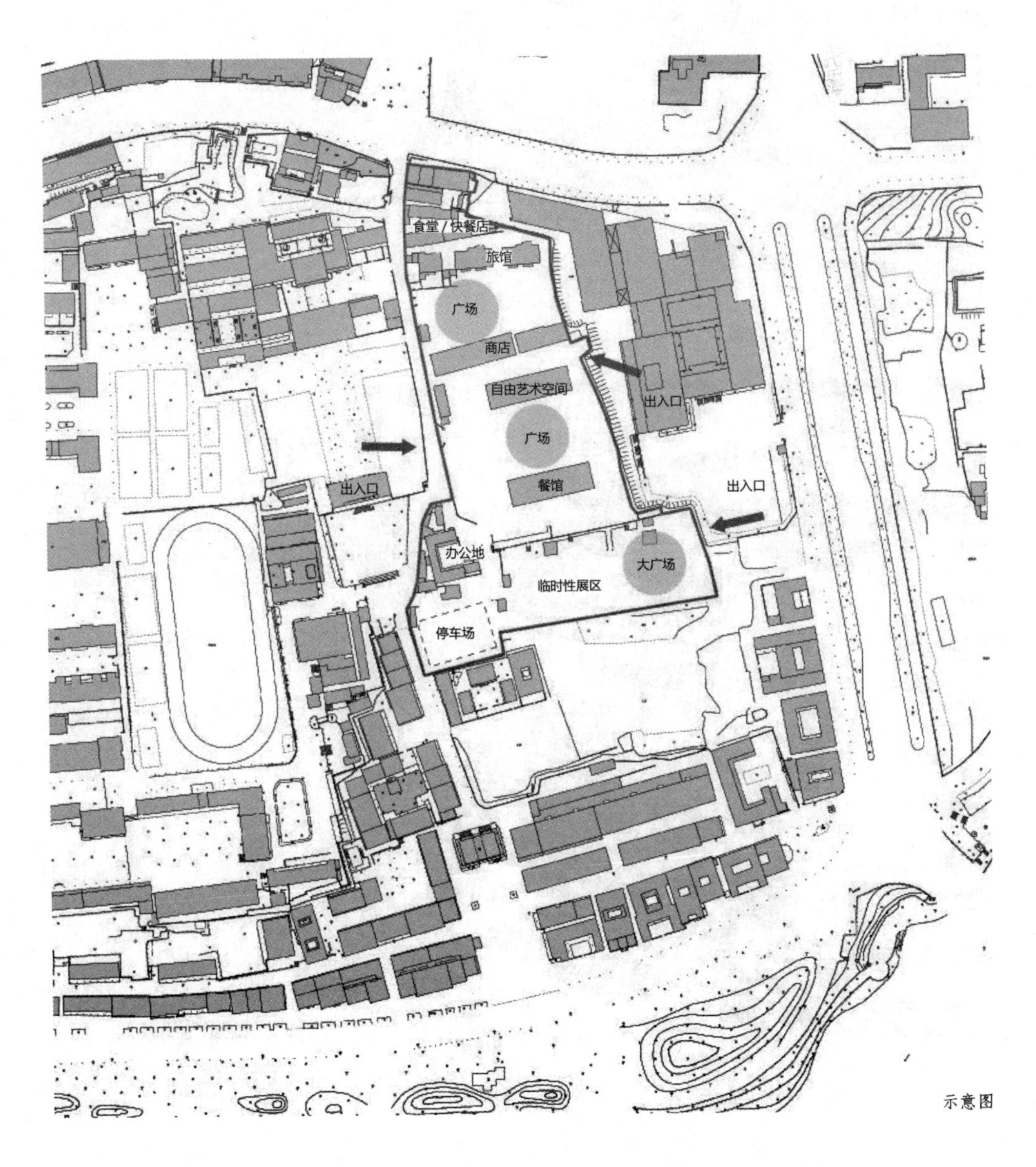

示意图

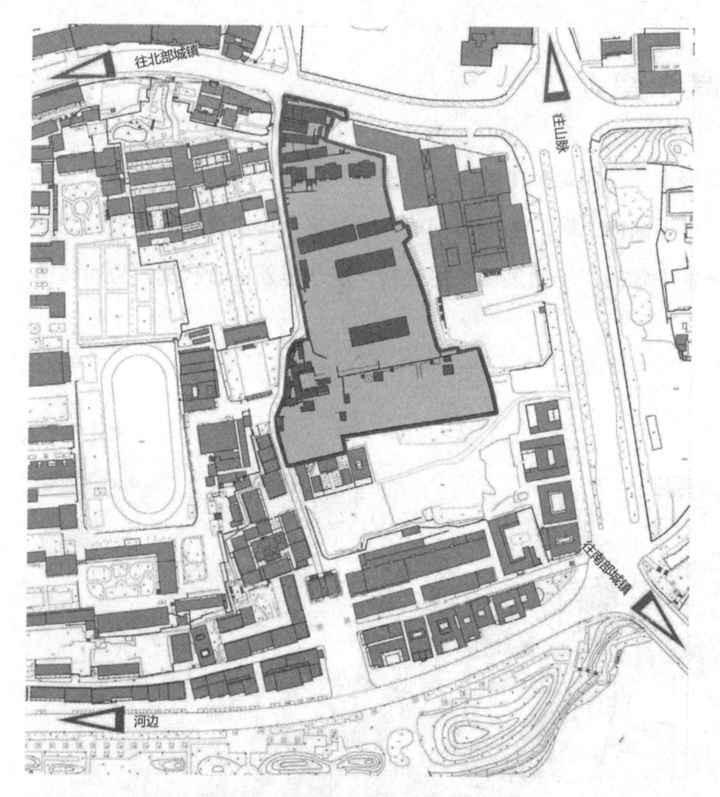

方位图

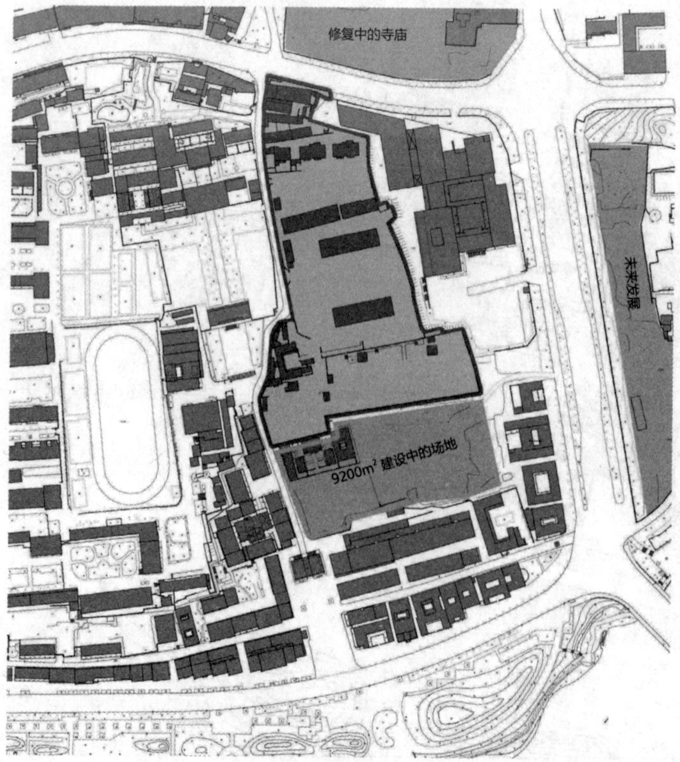

周边规划图

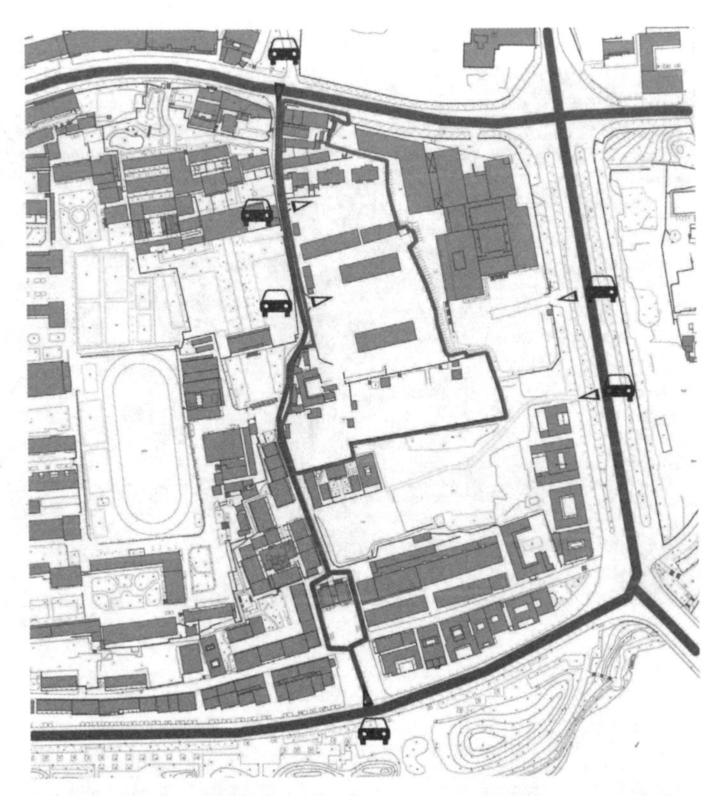

车流量图

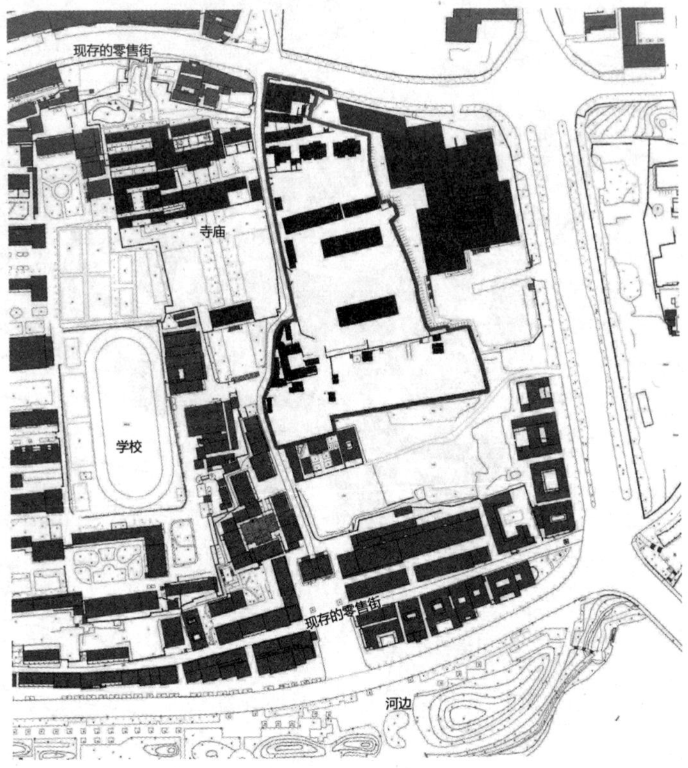

周边示意图

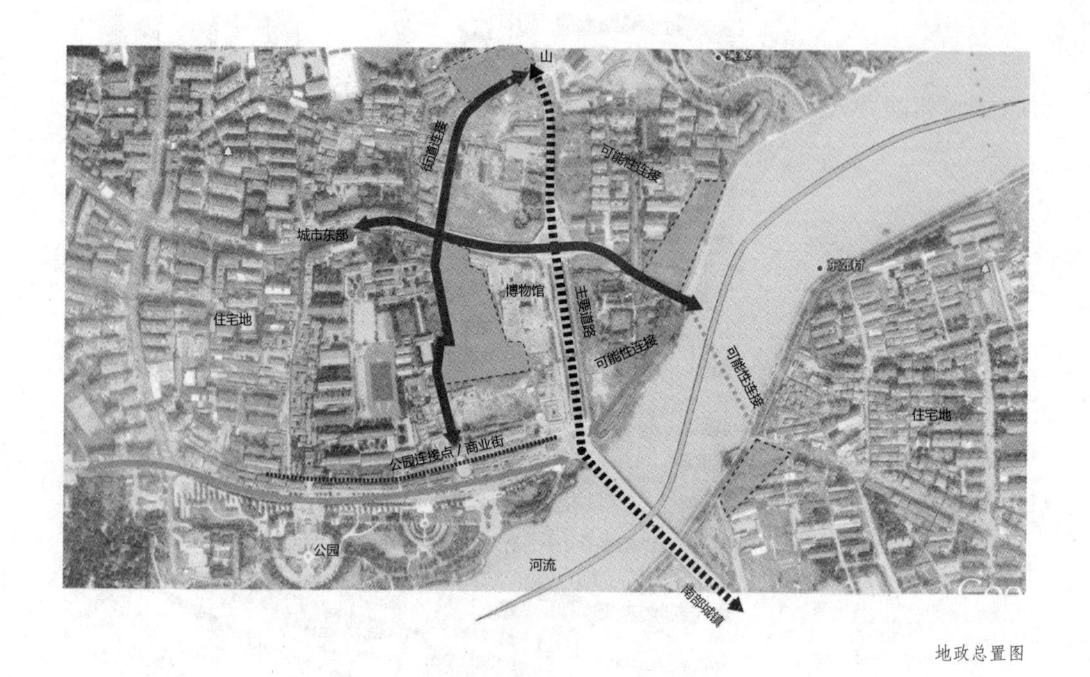
山
街道连接
可能性连接
城市东部
博物馆
主要道路
住宅地
可能性连接
可能性连接
住宅地
公园连接点 / 商业街
公园
河流
南部城镇

地政总置图

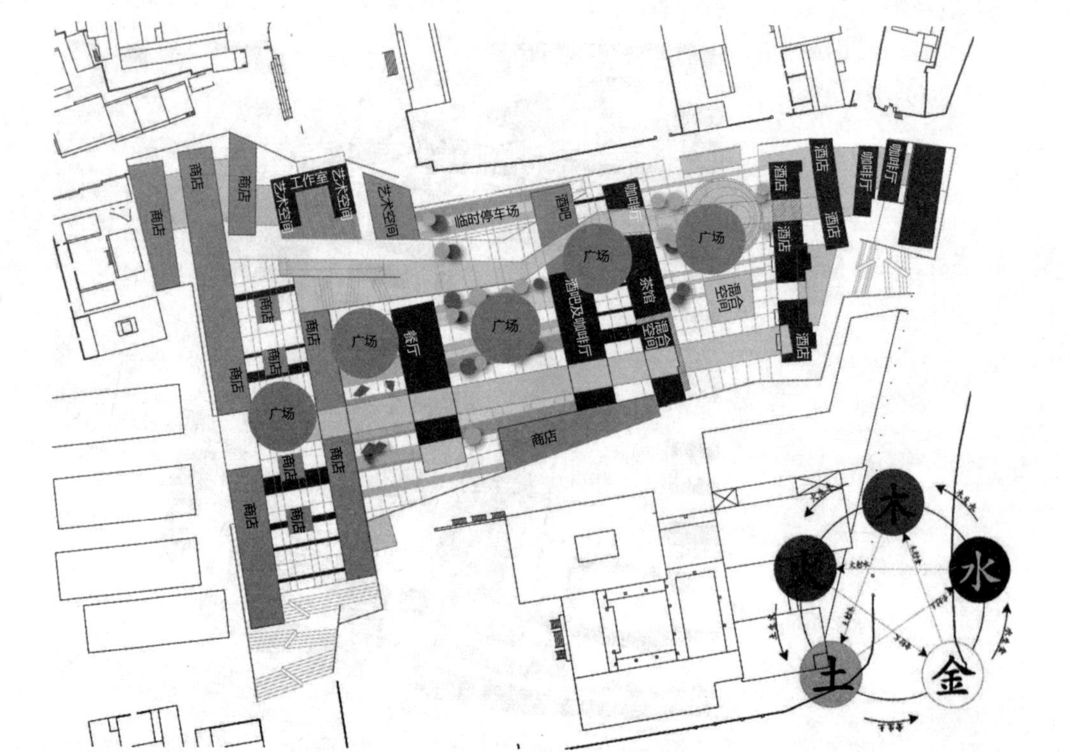
商店
商店
商店
艺术空间
工作室
艺术空间
艺术空间
临时停车场
酒吧
咖啡厅
酒店
酒店
咖啡厅
广场
广场
酒店
酒店
广场
茶馆
混合空间
广场
餐厅
商店
商店
商店
酒吧及咖啡厅
混合空间
酒店
广场
商店
商店
商店
商店
商店
商店
木
火
水
土
金

五行图

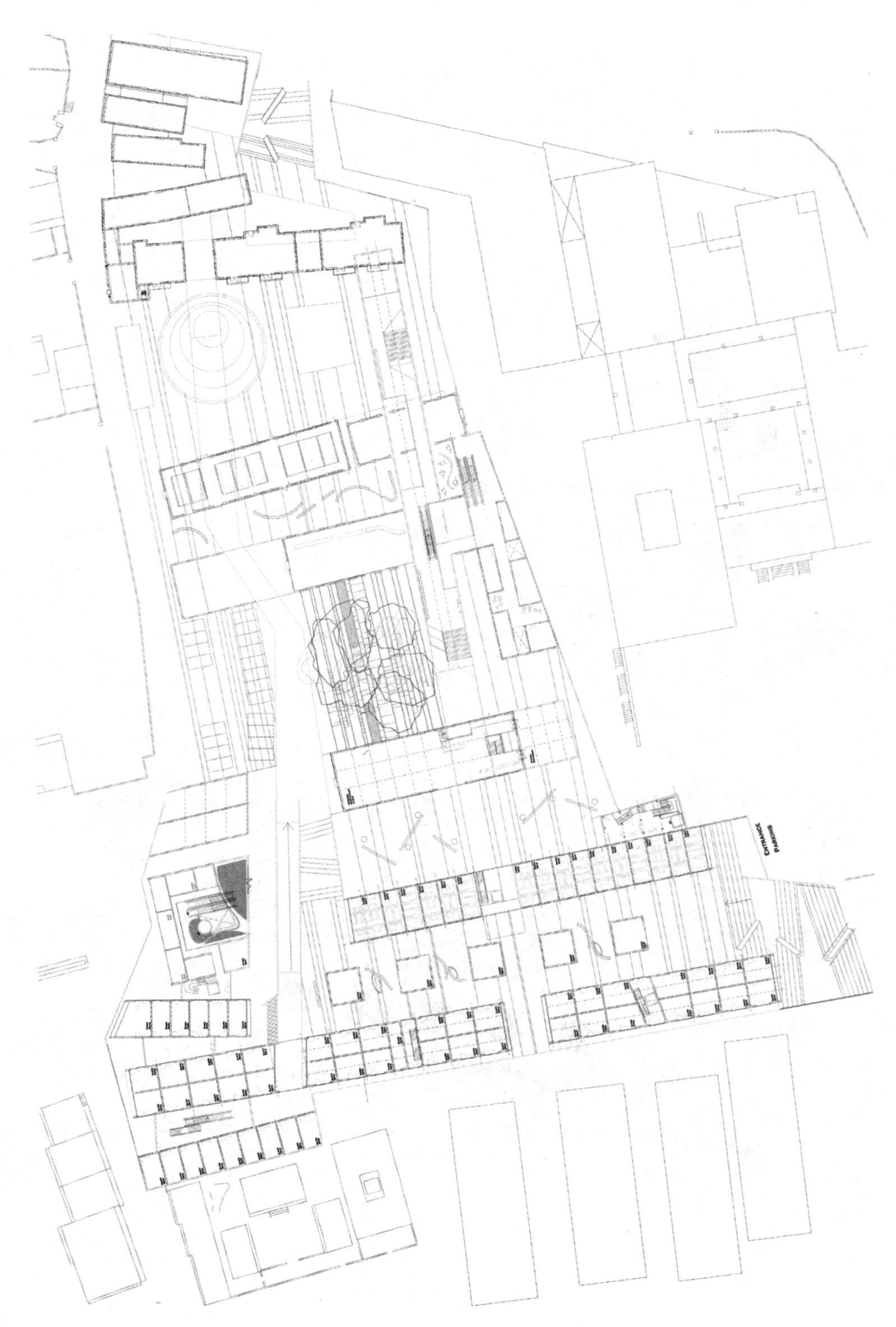

一层平面图

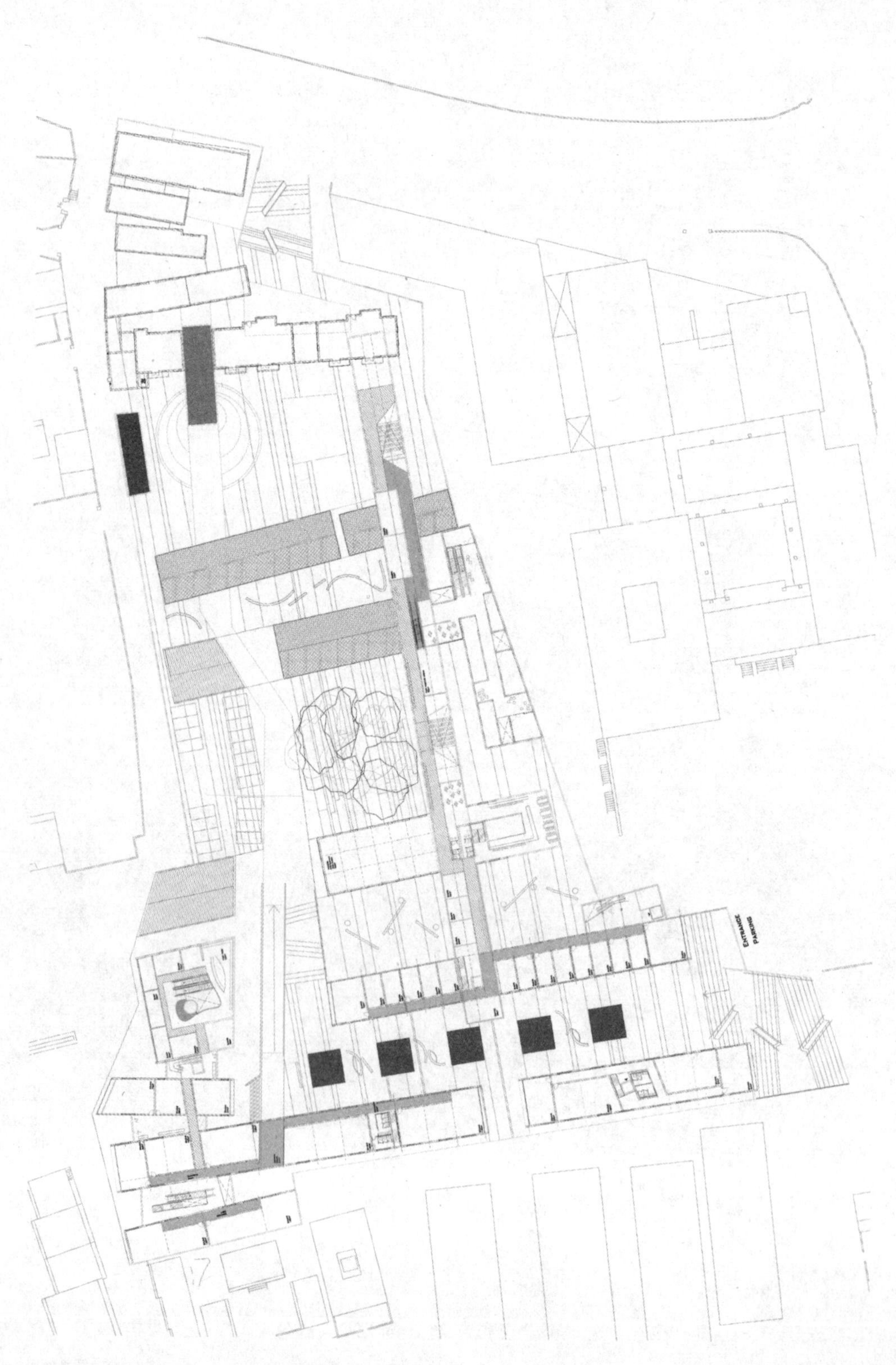

二层平面图

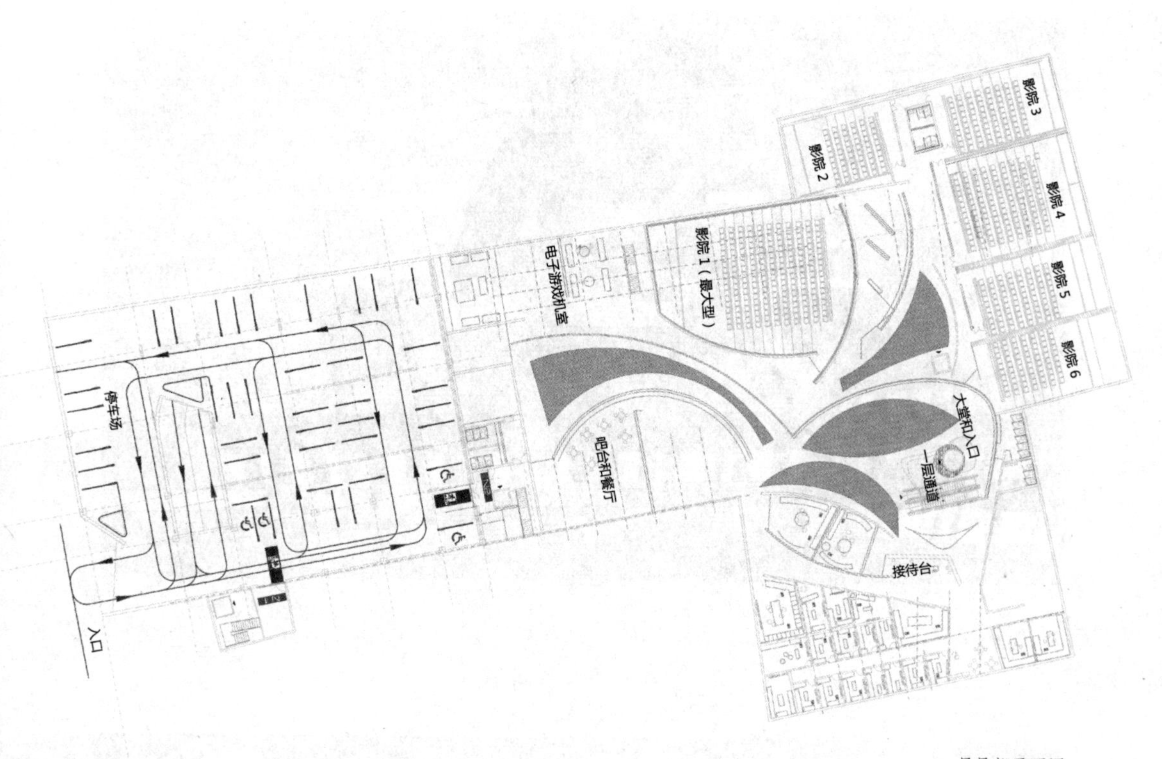

一层局部平面图

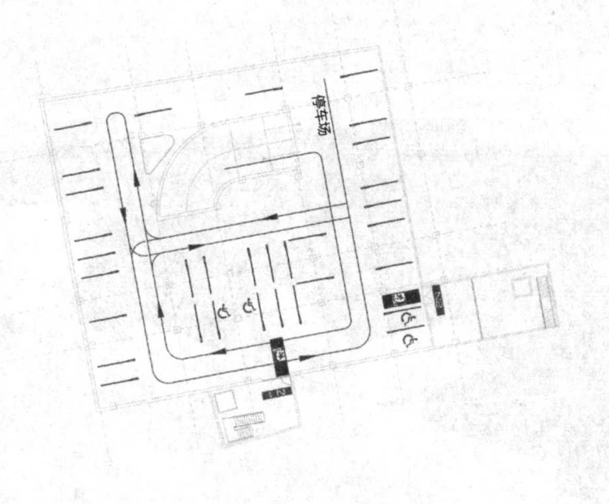

地下停车场图

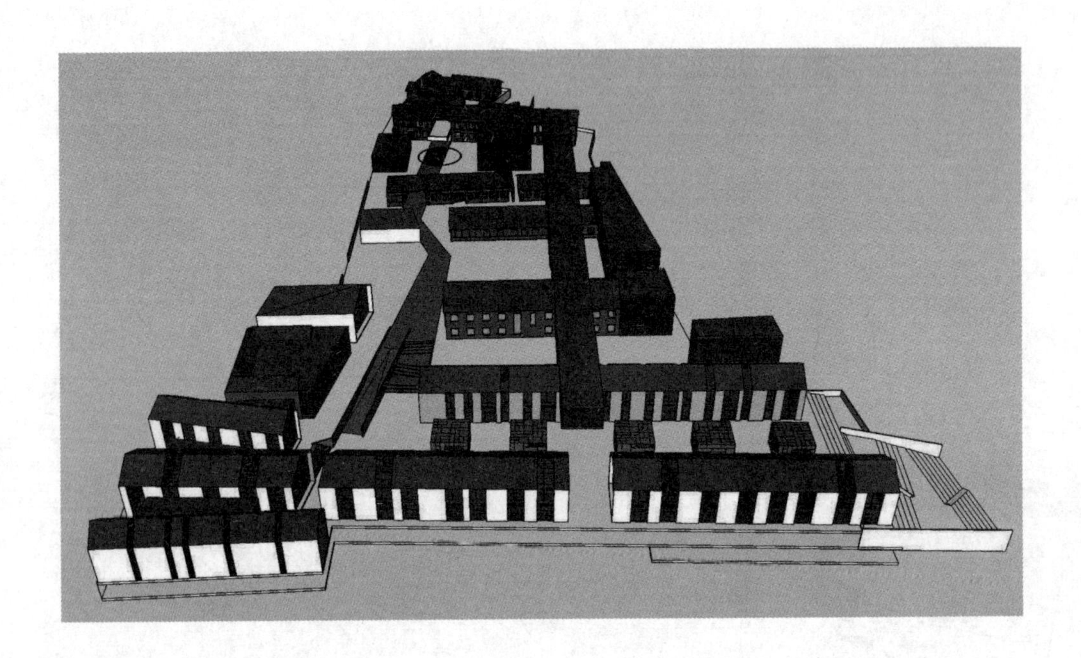

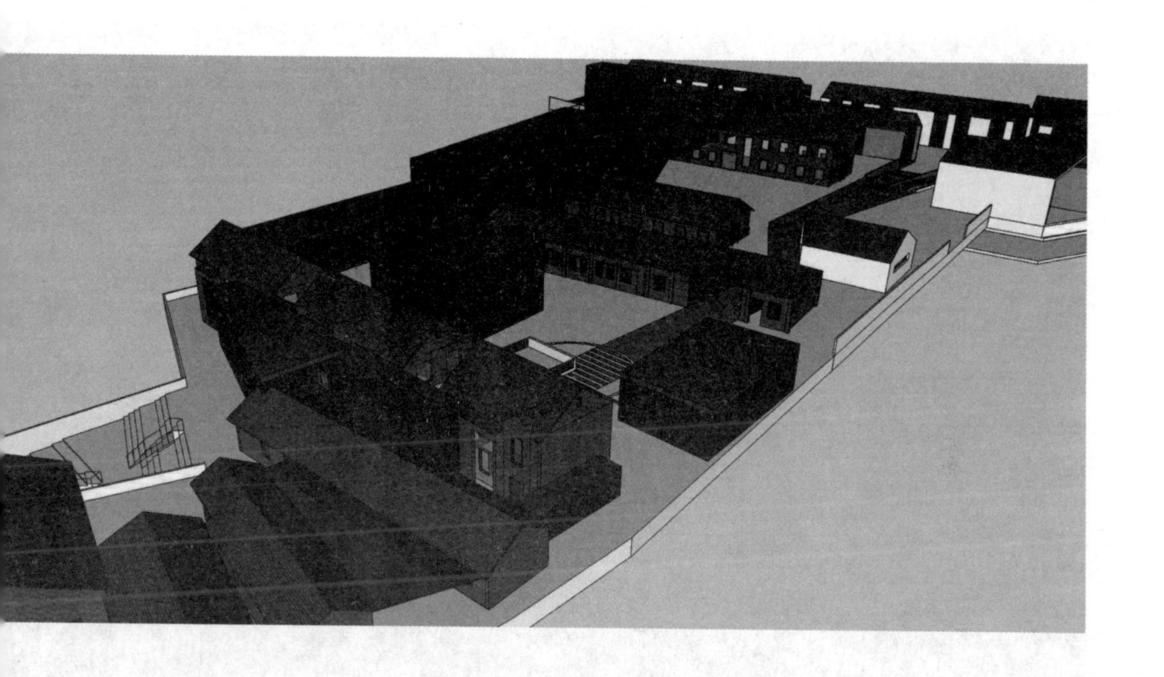

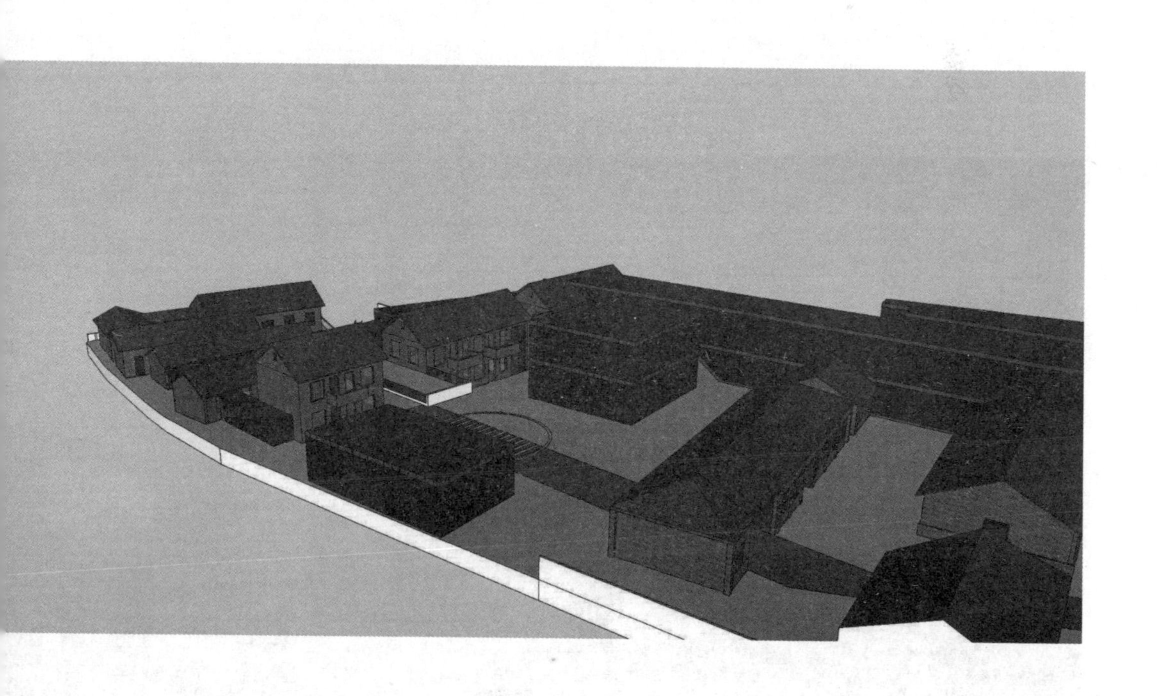

建模示意草图

Dior
STARBUCKS COFFEE

效果图

现场图

周边环境图

案例5 / CASE 5

中国西蜀古城规划设计方案

重游从古到今的心路历程，阅尽西蜀古城的千年风韵——

开发单位
- 香港财富控股集团四川财富实业有限公司

设计公司
- 本果建筑装饰设计

设计师
- 兰敏华

项目地点
- 四川成都

〔丰富的自然历史人文民居民俗旅游资源〕

（1）古城遗址

古城遗址是成都平原多处史前城址中保存最为完好的一处遗址。遗址长约 650m，宽 500m，总面积 32 万平方米，地面现存有一圈较完整的 1620m 长的土筑城堰，经四川考古队核定为新石器时代晚期遗址，距今约 4000 多年的历史，早于广汉三星堆遗址 1000 年，为国家重点文物保护单位。民国初年，城梗侧尚有石桅杆一根，上刻有“先汉古城”等字；1935 年，川军别动队修碉堡，大量挖城埂取砖，其砖多为汉砖，并挖出瓦棺、铜帽、玉珠、铜钱等物。

古城遗址丰富的遗迹种类和文化遗物的出土，对了解夏商时代三星堆（古城）文化的渊源提供了直接证据，对于全面揭示四川盆地新石器时代考古学文化面貌，将起到承上启下的关键性作用，也对研究古代社会的演进、文化交流、中华文化起源和古代宗教及社会分化等方面均具有突出的作用。

（2）马街

相传为三国时期，蜀汉丞相诸葛亮命大将魏延屯兵牧马之处。练兵训马之时，群众观之，积日成习，商贾汇聚，久之成市，称之马街。

据《元丰九城志》载，清初农民挖地时，曾挖出古碑一块，碑上“马镇”二字清晰可辨，故古称马镇。现为古城镇人民政府所在地。

（3）皇坟

相传战国末期，秦国相国吕不韦在被秦始皇免职之后，从自己的居封地河南被逐往蜀郡（四川），后因畏惧秦始皇的暴力而含恨自杀。吕不韦死后葬下的衣冠墓，位于古城东面，坟堆宽约 2m，高约 3m，现已不复存在。

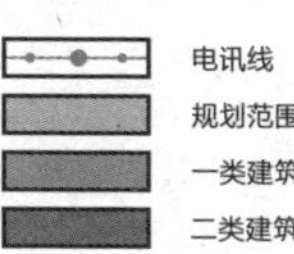

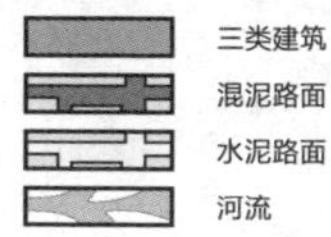

现状建筑与工程质量图

（4）梓潼宫

相传刘秀当了皇帝，十分怀念在古城地区遇难时救他性命的那两个孩子，便带上侍卫、宫女来到四川，仍在“马镇”这一寺住下。后来，古城的居民把这个寺院取名为“梓潼宫”（做潼关外的皇帝刘秀、侍卫、宫女在此住宿纪念）。在 1943 年 2 月“梓潼宫”为郫县第二十四初级国民学校，现在为古城中学。后来，埋在小桥附近那两个孩子的坟越来越大，取名为“大墓山”，在新繁境内，保存至今。

2007 综合现状图
N
现状用地计算表
图 例
生产建筑用地
仓储用地
居住建筑用地
镇政府
行政办公用地
商贸金融用地
医疗建筑用地
农贸市场
中学
小学
幼儿园
敬老院
遗址范围
电信局
电管站
配气站
道路广场
河流水面

2007 综合现状图

（5）莹华寺道观

莹华寺处于现古城镇政府所在地，位于马街场镇背后的东南位置，它建于清朝道光年间，历史悠久。

（6）川西平原上的“小少林”

古城“小少林”之称世代相传，闻名川西平原。每年的六月六日莹华会，少不了举办国术擂台赛。

（7）中平庄

距古城镇 1km，相传为青城山脚庙。

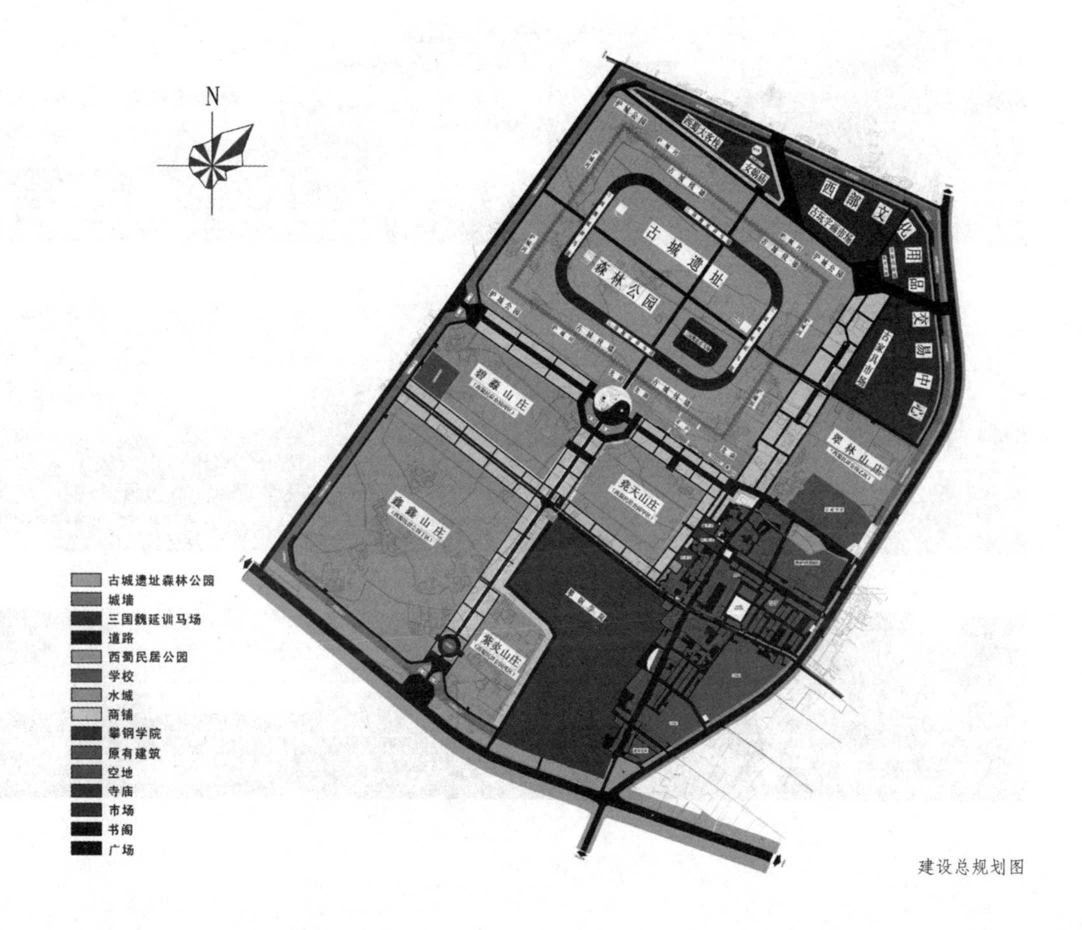

建设总规划图

立面效果图

[规划设计建设的原则和要求]

（1）突出中心

就是要突出对“古城遗址”进行保护性开发利用，建设“古城遗址森林公园”，整治、修复、拓展马街和营造西蜀民居公园这个中心，即突出一个“古”字。完整而又古老的城墙门楼，仿古的街道桥栏、楼亭碑阁、台榭牌坊……处处是古老的文化符号载体，充满浓浓的古文化气息，让人在休闲购物中，不知不觉已重游从商夏走到现在的心路历程，阅尽商夏古蜀国都城的千古风韵。

（2）彰显特色

即不受任何旧观念的束缚，也不模仿其他类似所谓已成功项目之模式，而创造一个活脱脱的“财富项目模式”。亦是规划设计一个集古文化与现代文明、传统艺术与现代技术，城市功能齐全、充分、合理、科学地利用土地资源和节约使用能源，极具文化性、艺术性、观赏性的高品质“财富项目”。打造气势恢弘、系统完整的古园林自然艺术群落与古建筑文化艺术群落，建设一个将古代城市风貌和完善先进的现代城市功能及生活设施互融互补，同繁共荣的西蜀特色古城。

鸟瞰图

（3）深化主题

就是规划设计建设均务必深化西蜀古城之精神文化内涵。始终遵循“设计道法，道法自然”之法则，使人与自然重新建立在更高层次的和谐关系上，实现其不仅仅是形式上的“城中有城，园中有园；园中有楼，楼中有园”的桃源古城，更是返璞归真，回归自然，使人与建筑、与环境、与自然处于长期的和谐之中，成为西蜀儿女理想的精神家园、和谐家园及中华精神文化不可或缺的一个组成部分。

〔布局艺术〕

（1）贯穿全城中轴线的运用

沿着西蜀广场相互垂直的南北（西蜀大道）和东西（望丛路）两条贯穿全城的中心线布置各种实用区域和功能区域，保持相对的匹配、协调、对称、均衡和统一。

（2）井然有序的道路（街道）河渠系统规划设计

以严整的四横（女娲路、龙湖路、望丛路、李冰路）、三纵（锦绣西路、西蜀大道、蜀汉街）为主街道（道路）和与之紧靠并行的河渠交错排列组成城内四通八达的水陆两条交通系统。

（3）古城主色调与中心色彩设计

古城中心是西蜀广场，呈圆形，其平面由一个直径 150m 的墨绿和乳白双色太极图构成，周围环水，以东、西、南、北四桥与四面连通，是本城道教文化的核心载体。城区内街道均为青石铺面；房屋建筑均为青瓦屋顶、朱漆门窗、鎏金匾额、白粉墙壁，整体色彩和谐统一，中心突出。

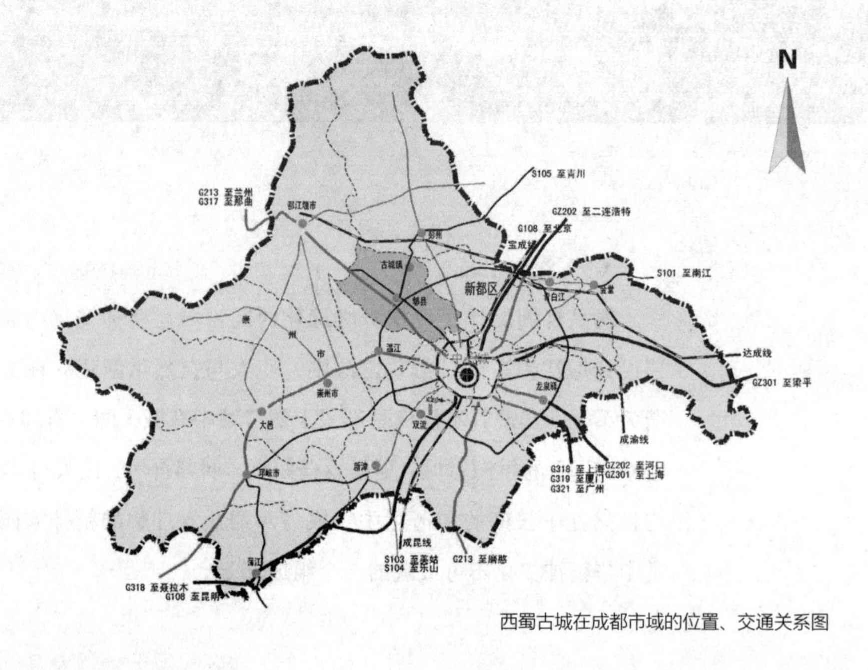

西蜀古城在成都市域的位置、交通关系图

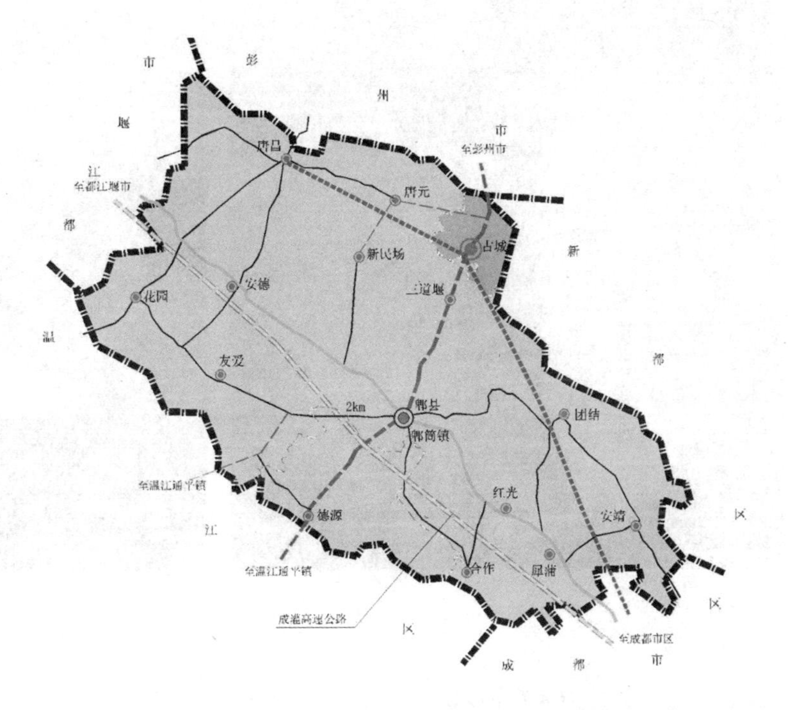

郫县县域城镇体系及生产分布图

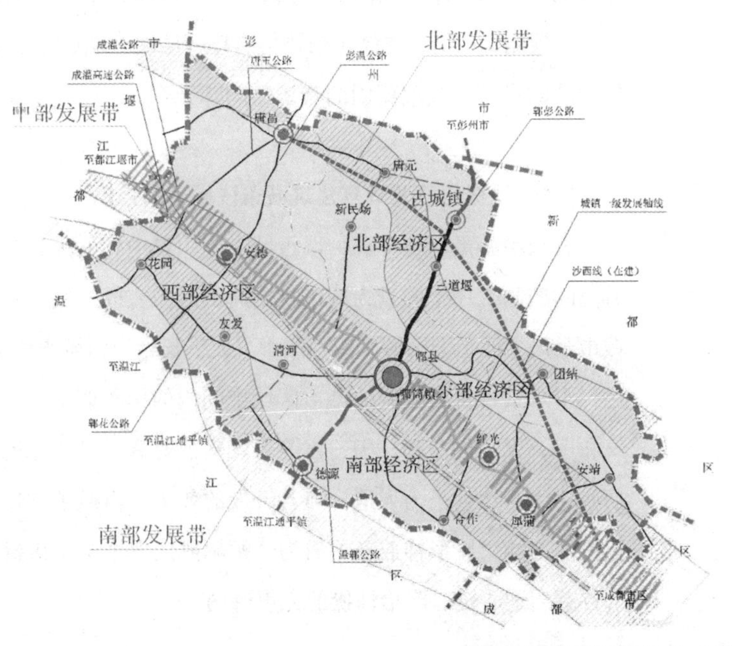

西蜀古城在郫县县域的位置、交通关系图

（4）主体轮廓序列

古城外城仿古城墙立面延伸为第一序列；古城八大景最佳可视立面延伸为第二序列；四横三纵主街道立面延伸为第三序列。其构图大雅、大气、靓丽、和谐，主体轮廓错落有序、层次分明、灵活变幻、有节奏感，似跳动的音符，又似凝固的音乐，韵味无穷。

（5）地标建筑及景点建筑城市区域空间控制

古城中心是西蜀广场，以古城三十六景中的八大景为城市较大范围区域空间控制，二十四景为城市特定局部区域空间控制，如“凤舞九天”为城市全局（面）型区域空间控制，“天下长廊”为城市线型区域空间控制。这三十六景各自所控制的城市区域空间内的山（假山）、水、桥、林、建筑和声、光、色及雾、雨、雪等风景景观要素，经优化配置、艺术造型、精心雕琢，达到虽为人造，宛若天成的效果，再赋予贴切景名和丰富的文化精神内涵，皆形神兼备，成为一幅幅靓丽多姿、生机盎然的立体图画，一首首启迪心灵、陶冶情操的无声诗词。

〔中国西蜀古城仿古城墙城楼规划设计〕

我国古都古城的城墙（一般紧贴其外围开凿宽阔的护城河）、城楼是具有抵御外侵，保证国都、州县府城安全和巡视城内外情况以及维持地方治安等功能的标准建筑和纯功能建筑，也是古代城市的主体形象和核心标志。从国家的角度讲，都城城墙城楼规模巨大，气势恢宏，坚固厚重，便足以彰显其国家之威严、军事之强大、经济之富足。而今要规划设计的古蜀国都城城楼城墙，既要体现古蜀国鼎盛时期之威严、强大和富足，又要将昔日古城城墙城楼的上述功能从根本上转变为最现代的旅游居住、停车食宿、品茶观景、休闲购物等功能。其城墙高 12.9m，上部宽 6.24m、下部宽 19m，长约 5000m；负一层为底下停车场，一层为私家车库和商铺，二层带夹层为客厅、休闲厅、屋顶花园（庭院），三层为居室，屋顶即城墙顶面为游览线路，其线路上的四座门楼及三座角茶楼为七大茶楼。本古城城墙城楼规划设计是将古代城市形象与现代城市功能、传统建筑艺术与现代建筑技术进行有机融合，形成最佳停车食宿、休闲购物、沿城墙顶面全环城浏览、观景、品茶的游道系统和环境；成为古城实现节地、节能、低成本、高效益价值目标的规划设计之一。

〔自然河溪水系、自然灌溉水系与西蜀古城内游船交通水系规划设计〕

得都江堰之水，不仅有十一条堰渠交织古城镇境内，并有以麻水河、锦水河为主的数条河流穿境而过，在西蜀古城和周边形成自然河溪系统和农业自流灌溉水系。西蜀古城的规划设计，密切结合此河溪及灌溉两套水系，利用“水”这个有利自然条件，以城内外原来的水道为依托，再引都江堰管理处特批专供的两个流量的水进城。按规划系统规范有序地改造和开凿河渠道，使之纵横交错，构成城市脉络，形成完整的水上游览休闲交通系统，并与街道（道路）并行而相应，是西蜀古城规划设计的一大特色。

西蜀古城近 30km² 内，规划设计的河渠游道总长约为 20km，共有大小立交桥、高架桥、石拱桥、石平桥、石蹲桥、廊桥、独石桥、独木桥等近 80 座桥。其河渠之密，桥梁之多，在古今城市建设史上实属罕见，可谓水乡之城，古桥之都。未来的西蜀古城，君试看，河渠如蛛网，游船如穿梭，正应了“绿浪东西南北水，红栏三百九十桥”（唐白居易诗）和“君到姑苏见，人家尽枕河。古宫闲地少，水港小桥多”（唐杜荀鹤诗）等句的写照。可以不夸张地说，西蜀古城虽不是江南水乡，却胜似江南水乡。

〔森林（绿化）——古今城市环境规划设计的主题〕

西蜀古城规划设计的“古城遗址森林公园”“护城公园”沿河渠游道和道路（街道）的绿化带以及各风景景观的配套绿化等共占地约为800亩，占西蜀古城总占地面积的三分之一以上。高大乔木、中小乔木、低矮灌木遍布古城36个景观、72条街巷，处处绿树成荫、花树成行、竹木成片。君入其城，如入森林，漫步曲径，有“望中凝在野，幽处欲生云”和“疑似无路又一村”之感，称得上森林之城。

〔休闲购物停车憩居线路规划〕

西蜀古城游道（路）的规划，重点在安全、交通管理和方便游客食宿及引导其游览观光、休闲购物、娱乐健身等方面。

在四大城门内侧，左右两人行门洞旁规划设计了通向城墙顶部游道和茶楼的人行梯道。并在其一人行门洞旁设置巨幅《西蜀古城导游图》，另一人行门洞旁设置巨幅《西蜀古城简介牌》。

在四大城门的中间行车门洞两旁规划设计“交通车辆管理室”，并配置相应的管理人员。在街区的各个进出口设置一块较大的路标牌和一块“城内严禁停放车辆”的告示牌。

将四大门处和城墙三大拐角处规划为七大车辆和人的进出口，用双层（地下和地上各一层）立交车道和一层人行高架桥措施让车辆出入车场、城内外；游人休闲购物、游览观景均各行其道互不干扰。

在西蜀古城七大门出入口就近规划建设相应的旅馆和客栈，为游客提供更多的方便。

天然门沿城墙或古家具市场至天乐门之间规划设置购物车辆专用通道和专用停车场，以及大型拍卖场（楼）和考古、评估、鉴定、收藏等专家、

爱好者及购销商之“家”，为来自各地各层次的专业人士、商家和广大游客提供更多、更广、更好的高质量、高品质服务。

西蜀古城之三十六胜景、七十二街巷的所有丁字和十字路（街）口均规划设置路牌；凡规划设计布置于各处的建筑小品（包括雕塑、喷泉、瀑布、小亭、小桥及厕所）和为三十六胜景配景的假山、奇石、叠石、石墩独立艺术石柱、观赏树等均要求刻意精心雕琢和安装使其成为古文化载体和无字的“导游路标”，能够总是最默契、最直接、最及时地为每一位游客提供周到的全程导游服务。

从古城七大进出口的任何一个人行门洞均可沿步行梯道直达七大茶楼和城墙顶部的十里游道。君欲休闲小憩，与友茶楼小坐，或对弈论棋道，或品茶谈茶经，或品茶观景，不亦乐乎。若君又漫步环全城的十里游道，便可从各个角度纵观古城全景。在诸位的视野中将会呈现古城遗址森林公园与望丛山，其山中的古观、古祠、古阁咫咫相望；高耸欲飞的女娲（东方维纳斯）补天塑像，宛如“凤舞九天”；南起“锦绣西蜀”巨型盆景，东北至龙湖的“天下长廊”，似巨龙腾飞，又似祥龙入海。多处景观似乎在向人们展示“西蜀古城”深邃的历程。一城的绿荫，一城的秀水，分外的妖娆，古城是如此多娇。

休息凳

休息亭

龙湖草庐局部景观

图书在版编目（CIP）数据

历史文化街区改造 / 凤凰空间・华南编辑部编. --
南京 ：江苏凤凰科学技术出版社，2019.1
ISBN 978-7-5537-9735-9

Ⅰ. ①历… Ⅱ. ①凤… Ⅲ. ①城市道路－城市规划－
研究 Ⅳ. ①TU984.191

中国版本图书馆CIP数据核字(2018)第229820号

历史文化街区改造

编　　者　凤凰空间・华南编辑部
项目策划　任铭裕
责任编辑　刘屹立　赵　研
特约编辑　任铭裕

出版发行　江苏凤凰科学技术出版社
出版社地址　南京市湖南路1号A楼，邮编：210009
出版社网址　http：//www.pspress.cn
总　经　销　天津凤凰空间文化传媒有限公司
总经销网址　http：//www.ifengspace.cn
印　　刷　天津久佳雅创印刷有限公司

开　　本　710 mm×1 000 mm　1 / 16
印　　张　12
版　　次　2019年1月第1版
印　　次　2023年3月第2次印刷

标准书号　ISBN 978-7-5537-9735-9
定　　价　88.00（元）